刘轩，把心理学应用到生活中的人生极客，也是横跨多个领域的职场高手：

➡ 他是新锐的心理学导师

　　毕业于哈佛大学，在"十点课堂"的心理学课程《教你巧用心理学，过更有效率的人生》订阅量超过 10 万，成为最卖座的视频课。

➡ 他是新锐作家和译者

　　出版多部畅销好书，李开复称赞其作品为"少见的、增加人们积极情绪的心理学著作"。

➡ 他是著名主持人和演说家

　　常年在台湾做艺术访谈，主持电视节目《天南地北轩》，三次登上 TedX 讲述心理学，还是《我是演说家》第二季全国总冠军。

➡ 他是时尚创意达人、品牌顾问

　　其客户包括奔驰、奥迪、惠普、英特尔、YouTube 等知名品牌，还受邀为微软拍摄 Surface 笔记本广告。

➡ 他是专业的 DJ 和音乐制作人

　　阿玛尼、爱马仕、卡地亚、玛莎拉蒂、保时捷……众多国际知名品牌都与他在音乐上有过合作，他也曾为电视广告和台北故宫博物院的影片谱曲。

　　为什么以有限的时间和精力，刘轩能频繁切换不同的身份，还能保持高效自如的状态？他说，这一切得益于心理学！

　　在《幸福的最小行动》中，刘轩毫无保留地公开了自己实现多彩人生的思维工具与行为方法，帮助你提高生活效率，获得幸福人生。

[美] 刘轩 ➡ 著

幸福的最小行动

中信出版集团·北京

图书在版编目（CIP）数据

幸福的最小行动 /（美）刘轩著 . -- 北京：中信出
版社，2018.2 (2018. 3重印)
ISBN 978-7-5086-8481-9

I. ①幸… II. ①刘… III. ①心理学－通俗读物
IV. ① B84-49

中国版本图书馆 CIP 数据核字 (2017) 第 311643 号

幸福的最小行动

著　者：〔美〕刘　轩
出版发行：中信出版集团股份有限公司
　　　　　（北京市朝阳区惠新东街甲 4 号富盛大厦 2 座　邮编　100029）
承 印 者：北京通州皇家印刷厂

开　本：880mm×1230mm　1/32		插　页：1
印　张：7.5		字　数：110 千字
版　次：2018 年 2 月第 1 版		印　次：2018 年 3 月第 4 次印刷

广告经营许可证：京朝工商广字第 8087 号
书　号：ISBN 978-7-5086-8481-9
定　价：49.00 元

目录 contents

自　序

　　8 岁时，我跟着父母移民到美国。当时的我半句英文都不会，学校也没有语言课程。第一天上学前，父亲临阵教我，如果有人问我问题，听不懂就跟他说："I don't know!"（"我不知道。"）碰巧，老师当着全班的面问我叫什么名字。我听不懂，只好回答：I don't know。从此之后，我在那个学校的名字就是 I don't know。

　　刚到美国的那段日子，真是度日如年！父母都上班，放学后陪伴我的只有一样不会说英文的奶奶，还有我的计算机。

　　那是一台功能很一般的第一代个人计算机，是我天天拿着铜板去家附近的游戏店，攒了很久的赠品券，忍着没把它们换成零食、玩具，终于有一天换到的大奖。它有整整 40K 的存储器（是 40K 不是 40M 喔，现在随便一封电子邮件都不止 40K），而且还没有储存功能（其实有但我买不起），只要一关机就全部归零。它也没有游戏，只有随机附赠的 BASIC 程序语言。

但它陪着我度过了那段最生涩、最寂寞的异乡童年。我把写程序当玩耍，天天研究它的功能。那些 BASIC 程序语言（IF...THEN...）成了我最常使用的英文单词。每天关机前，我还得用铅笔把程序抄下来，隔天开机再输入一遍。现在回想，还真佩服当年有那种傻劲儿。这位寂寞的八岁男孩儿，跟他那台只有 40K 存储器的计算机，后来还因为写的一个"类 AI 模拟对话程序"在纽约市科学比赛中拿到第三名。

从那时走到现在，我依旧是个对计算机和各种新科技毫不畏惧的人。而且到现在，我最不喜欢说，也最不喜欢听到的句子就是"I don't know"。

回顾童年那段日子，对我来说何尝不是种训练？它训练了我专注、面对寂寞的能力。而且写程序需要冷静，因为第一次运行时，一定会因为没料到的错误、没计划周全的 BUG（漏洞）而卡住。但生气或懊恼都没有用，情绪不会让程序变好变快，你只能根据错误码，回去找到出错的地方，修正之后再运行一次，这就是一种修炼。

长大后的我，面对事情出了错，我会把它当成一个 BUG。再急再气，问题还是要解决。我告诉自己：过生活和写程序一样，一开始一定会碰到各种错误码，但只要有耐心解决，我就不信跑不顺。

这个信念，让我后来在念心理系的时候，特别关注"优化生活效率"的各种研究。这是在 8 岁就种下的种子。

后来，我进了哈佛大学，和来自世界各地的天才、奇才、鬼才共聚一堂。在这所比美国建国史还悠久的老学校里，我看到了最传统和最先进的思想天天撞击，创造各种可能性，真可以说是一个海阔天空的知识乐园。

我特别用"乐园"这个词，是因为我发现那些在学校里混得最好的同学，就是懂得如何把学校当"乐园"而非"殿堂"的人。例如我很欣赏的一个朋友 Joe，他不仅代表学校参加田径比赛，在学校的舞会当 DJ（唱片骑师），在慈善机构做志愿者，还主导两个学生会社团。这些人往往不是班上前几名，也不是科科都满分的天才，但他们才是真正的风云人物。

我也发现，这些风云人物有两个特点：他们都很会用时间，而且也很少抱怨生活。有别于很多学生总把自己苦读的黑眼圈当成勋章，认为蜡烛两头烧代表他们很拼命，Joe 这类的同学虽然日程很满，但你永远不会感觉他们被自己的日程绑住，或把分身乏术当成炫耀。

我曾问过 Joe："你怎么可以一天里做这么多事情，你一定起很早吧！"

Joe 不置可否，他跟我说："兄弟，其实最难的不是早起，而是早睡！"

他再补充：晚上当别人想要去参加派对时，你得告诉自己，不行！我要早睡。你的心态不是我"得"睡了，而是我"要"睡了！我们不是小孩了，没有人能跟我们说，嘿，你"得"如何如何。你既然能说服自己为什么要去做一件事，那就要告诉自己你"要"做，不是你"得"做。

他的话，真是一语点醒梦中人啊！虽然我现在还无法完全到达他所说的境界，但我经常用这句话提醒自己：年纪大了，没有什么事是非"得"做，只看你有没有足够想"要"做而已。

这是我从 18 岁的 Joe 身上，学来的一课。

时间过得很快，一转眼，我已经大学毕业 20 来年，回到亚洲定居，而且有两个小孩了。

人们经常说，孩子是最好的导师，我不能同意更多了。不是说小孩可以教你什么，而是照顾他们的过程，能让我们反观并检讨自己。为了兼顾家庭和工作，我开始寻找更有效率的生活方式。为了应付各种突发状况，我得加强训练自己的情商。喔，不是"得"，是"要"！

我也问自己能够教孩子们什么：科技？生活技能？书本里的知识？未来的世界将会变得越来越快，信息密度越来越高，人工智能将会颠覆各种商业模式，这是我们的孩子将继承的世界，也是我们有生之年将面对的课题。

但不变的是：人还是需要彼此相处，还是有七情六欲，还是会拿不定主意，在情绪和理智间拔河；我们还是会出错，还是要学习，仍旧会追求梦想，也会一辈子寻找生活的意义。

人体是个机器，一个不完美的机器。每个机器都有极限，也有最优化的使用方式，这包括我们如何照顾自己的身心。我想，结合心理学和不同领域的知识，除了能让我们过更有效率的生活，也是基本的生活须知。我不一定能准确预测环境会如何改变，但我起码能提升自己的适应能力，让自己更稳定，更有效能。这，也成了我最初规划这本书的动机。

我的目标是，把目前心理学的理论，转化为能够实行的生活方针，传递给更多人。就像童年学识字一样，无论以后再多书本堆在眼前，只要读得懂，就不用怕。

8 岁时的我，学会了忍耐情绪与解决问题；18 岁的 Joe，提醒我主导权始终在自己手里；38 岁的我，更从孩子身上，学会了不要害怕改变，要懂得调整自己。而做了所有的研究后，我更深信：即使活到 88 岁，人还是可以改变的，而且改变的幅度，远远超乎你的想象。

这就是我的初衷与真心，无论你几岁，希望本书也能帮助你变得更好，活得更精彩。

引　言

走在"更好"的路上

用一句话来形容你的生活，这句话会是什么呢？你觉得你的生活够好吗？你觉得生活有意义吗？你在过你想要的生活吗？你，快乐吗？

在这个时代，我们每个人都是一座孤岛，靠着网络连上这片信息的海洋，但是，我们要用尽力气，才能阻止自己淹没在这片海洋当中。每天一打开手机，信息就如同海啸一般涌来：你未读的电子邮件，没有回复的信息，待办清单上没有完成的事项，没有回应的各种人情。

而这些"错过"，让我们深深地焦虑，我们总是觉得生活当中"错过"了许多东西，焦虑我们需要全部都知道。生怕错过这通电话，我会失去一个绝佳的机会。害怕错过这篇文章，下次朋友聚会的时候我就落伍了。害怕如果没有回应这个人情，我将会后悔一生。

但等一等，先让我们停一下。给自己一个空间，问自己，这些东西真的这么重要吗？

今天如果你出门不带手机，不带计算机，就这样在外面玩了一整天，你会发现，其实好像也没什么不好，你的生活还是一样，不会因为这些东西而"多出"了什么，也不会因此"失去"了什么。你还是你，一如往常。

你不是一座信息的孤岛，我们每一个人，都是一片自给自足的辽阔大陆。

所以，回到我一开始的问题，用一句话形容你的生活，我会说，你的生活"可以更好"。You can be GOOD ENOUGH.

怎么做呢？通过"心理学"。让曾经帮助过我的心理学，今天，也来帮助你。

现在的心理学，跟我当年一开始所学的心理学，有相当大的差别。我在哈佛大学读心理系时，当时的心理学，才刚刚从"行为学派"（Behavioral Psychology）慢慢转变成"认知学派"（Cognitive Psychology）。同时，脑神经科学家也开始初步跟心理学家携手合作，通过你自己的行为本身来归纳出你行动的"理由"，慢慢地走得更深入，从你行为的根本——"你的大脑""你的思想"去分析，了解到底是什么样的思考历程，造就了你现在的行为。

那时候的心理学界，的确充满各种可能的发展以及蓬勃的生机。

我当时在哈佛心理系攻读的领域是"成长心理学"，研究生阶段的研究主题是"少年成长心理学"，这一门学问专门探讨青少年在成长阶段可能会遇到的一些风险，比如同侪压力或学习压力，同时也探讨为什么有一些青少年面对压力与风险的时候，可以更"坚忍不拔"，或许是他们有更好的成长背景、家庭环境，或许是他们有更好的心态去面对挫折与困难。

当时的心理学，好，但是"不够好"。

我记得很清楚，刚从哈佛大学心理系毕业的时候，意气风发，想着要如何将我的所学派上用场。正想要大展手脚的时候，美国却遭遇了全球震惊的恐怖袭击："9·11"事件。而我也因缘际会之下，加入了灾后帮助人们走出创伤的心理咨询团队。

老实说，当时我受挫很大。因为面对这样巨大的苦难与忧伤时，我发现，我过去学习到的理论与知识，没有一个是可以在当下派上用场的。我无法帮助这些人停止忧伤，我也没有办法让他们变得更快乐，我只觉得无能为力。那段经历对我产生了很大的影响，甚至有一段时间，我还因此得了抑郁症。

我当时觉得自己很可笑。我不只帮不了别人，也帮不了自己。我开始怀疑自己的知识，也开始怀疑心理学。所以有段时间，我真的很痛恨心理学，觉得这是一门没有什么用的知识。当时刚好也有机会回台湾，我就决定暂时离开美国。也有好一段时间，我所做的事情，好像跟心理学没什么关系，我在广告公司、广播电台工作过，当过 DJ 和作家。到现在，我有了自己的家庭。

我回头看，才发现，这一路陪我走来，帮助我最大的，其实是我当时觉得"没有用"的心理学。

为什么呢？因为"心理学"这门科学，其实也一直在摸索它自己的道路。在我毕业的这 20 年，心理学的研究领域有了巨大的转变，而这样的转变，也改变了我刚毕业时对心理学的看法，甚至，这样的转变，促使我走上了一条更不一样的人生道路，在我不同的人生阶段，给了我相当大的帮助。可以说，没有心理学，也不会有现在的我。

这样的转变契机，来自几位重要心理学家的研究，其中，有一个指标性的人物，就是马丁·塞利格曼（Martin Seligman）教授。

过去 60 年的心理学研究，主要都是来帮助人们诊断"你有什么毛病""你哪里出了错"。当然，在这期间，我们也取得了重大的成就。

比如说，在 60 年以前，没有任何一种心理疾病是可以被治疗的。而到了现在，至少有 14 种心理疾病是可以在科学上被"治疗"，甚至有两种心理疾病是可以被"治愈"的。同时，我们在心理学的知识领域也有了更大的进展，我们知道如何描述一些过去很模糊的心理概念，把它变成一个系统化、可以分析与测量的状态。甚至还有集结了有关心理疾病的"百科全书"《精神疾病诊断与统计手册》(*The Diagnostic and Statistical Manual of Mental Disorders*)，是由美国精神医学学会出版的，现在已经修订到了第五个版本，是专门用来给心理治疗师查看患者的症状是不是符合某种心理疾病的。

简单来说，过去 60 年的心理学研究最大的成就是，我们可以宣称：心理学可以帮助"悲惨的人"不再那么悲惨。

但是，塞利格曼教授在他担任美国心理学会会长的时候，发表了一篇演说。他认为，当时的心理学还"不够好"。

怎么说呢？因为过去的这些研究，只告诉我们，我们的大脑出了什么"问题"，所有的研究也只聚焦在那些"极度悲惨"的人身上。当时我们以为，只要"移除"了那些痛苦、忧郁、焦虑和愤怒，我们就能够让人们变得更"快乐"。

但实际上并不是这样，如何帮助别人"不再悲惨"，跟如何帮助别人"变得更快乐"，是完全不同的概念，也是两种不同的系统，牵涉到不同的技巧、不同的方法。我们移除一个人的"悲惨"，顶多只能让他回到原点，但不会让他更开心，也不会让他感到快乐，更不可能让他感到幸福。

所以，我们更需要的是一本如何帮助一般人变得更快乐的心理"百科全书"，我们需要一套系统化的科学来告诉我们，怎么样才可以让自己过得更好、更快乐、更有意义。

这也是近年来心理学新的主流研究领域之一——积极心理学（Positive Psychology）的起源。

那么，什么是积极心理学呢？在开始介绍之前，我要先告诉你，什么不是积极心理学。

讲到积极心理学，很多人可能以为它就是积极思考，但积极心理学不是"积极思考"而已，也不是心灵鸡汤，不是心想事成，不是小学为了给你活力跳的晨操。

塞利格曼教授所定义的积极心理学，是一门"让人们生活可以绽放、蓬勃发展的科学研究"（the scientific study of human flourishing），而他也提出，积极心理学应该要有三个目标：

1. 我们在关注人们的"弱点"时，也应该把同等的注意力放在人们的"优点"上。

2. 我们在忙着修补"过去的伤害"的同时，也应该想着帮助人们去发展他们的"优势"。

3. 我们应该更关注如何帮助一般人活得更充实，帮助他们发挥天分。

所以，在我离开学校的这几十年当中，心理学正慢慢走在变得"更好"的路上，我们开始帮助人不单单"活着"，而是要"活得更好"。心理学，应该是一门帮助人们活得更快乐的科学。

于是，秉持着这个信念，塞利格曼教授开始访问那些对生活非常满足的人们，想要了解这些人跟我们一般人到底有哪里不同。他发现，其实这些人不一定有宗教信仰，不是体态比较好，不是比较有钱，也不是长得比较好看。

如果我今天问你，你觉得怎么样你才会比较快乐，你可能会给我一些答案："我要有健康的身体"，"我要有好的事业"，"我要有完美的婚姻"，"我要有支持我的朋友"。问一百个人，我们会得到一百种答案。每个答案可能都不同，千变万化。但仔细研究，你会发现，这些看似不同的答案，其实是有迹可循的。

健康的身体、好的婚姻、好的事业、好的友谊，这些传统上认为会让我们生命变得美好的事物，其实并不是我们生命变得美好的结果，而是一个过程、一个方法，帮助我们去找到生命中真正重要的要素。

那这些要素是什么呢？塞利格曼教授进行了非常严谨的研究，研究了不同文化、不同时空的文献，进行了一场又一场的访问和实验，之后发现，无论种族、宗教、文化或性别如何不同，其实要让一个人的生命能够真正绽放，需要以下五个元素，塞利格曼教授将这五个元素合并称为 PERMA 法则。

PERMA，这五个英文字母，分别对应了五个在我们生命中非常重要的元素。

第一个字母 P，代表积极情绪（Positive Emotion）。

最直接的积极情绪，其实就是快乐。但研究显示，快乐这件事情，其实有 50% 的因素来自遗传。有些人天生就比较容易感到快乐，而一些方法与技巧，顶多能提升我们 20% 左右的快乐程度而已。那么，天生就不容易感到快乐的这些人，岂不就是活该吗？

不是的，在积极情绪的范畴当中，快乐只是其中一项，我们可以把积极情绪分成十种，分别是爱、快乐、感激、宁静、兴趣、希望、得意、趣味、启发和崇敬。你可以分别去培养自己不同的积极情绪。

积极心理学研究告诉我们，只要你每天睡觉前，回想过去 24 小时中三个值得感谢的人、事、物，以及为什么感谢，并把这个思绪写在笔记本里，持续一周后，就能改善你的情绪，而且效果能持续半年之久！

第二个字母 E，代表联结感与心流（Engagement）。

你有没有感觉到在做某些事情的时候，觉得自己特别的投入与专注，几乎忘了时间，时间为你而停止，而你自己，也全然沉浸在你所做的事情当中。有过这样的体验吗？如果有的话，我要恭喜你。这样的联结感，对于我们的心理健康，有相当大的帮助。

第三个字母 R，代表积极关系（Relationship）。

跟别人培养深度、积极的关系，对我们来说是非常重要的，80 年前哈佛大学的一项研究（现在是全世界最长久的持续追踪心理研究之一）得到的结论是：对一个人一辈子的快乐影响最大的因素，不是钱，不是权，不是名气，而是是否与别人有深刻、亲密的关系。

第四个字母 M，代表意义（Meaning）。

你有没有在生活和工作当中找到自己的意义？知道你为何而做，为何想做？你做的事情，有没有符合你的价值观？这可以是一种"使命感"，但也没必要那么有远见。它也可以是一种信念，让你觉得每一件事的发生，都有它的意义所在，这种意义感，让人活得比较踏实。

第五个字母 A，代表成就（Accomplishment）。

在工作和生活中取得多大的成就感，也是让我们生命更满足的一个重要指标。你在生活中，不只要创造幸福，也要挑战自己。如果有一些事情你很会做，也做得很好，那么，这些事情将会给你带来成就感，让你感到自豪。

PERMA 提供给我们一个新的框架，让我们重新去检视我们的生活。比如说，有一些人可能有好的工作、好的家庭，很有钱，但他们还是不开心，总是觉得生命少了什么。那么这时候，就可以使用 PERMA。是他在工作当中没有获得必要的成就感吗？还是其实他在工作当中需要的不是成就感，而是与同侪建立起良好的关系呢？或者是，这份工作没有让他获得意义感，他不觉得自己所做的事情是重要的，不是在服务一个比他自身更大的群体。

你不需要在工作上和家庭中五个元素面面俱得，重要的是在你的生活当中，当你去思考这五个元素的时候，是否能够想出某些场景或某些状态，是符合这些元素的，要是你觉得生活当中特别缺乏某个元素，也可以通过一些方法来加强它。

同时，这五个元素，也是环环相扣、互相影响的。拥有积极情绪，你会改善你的关系，提升你的工作表现。同样地，反过来说，当你有成就感，找到意义的时候，也会有比较大的机会去培养你的积极情绪，让你更投入工作，取得更好的关系。

我自己非常相信行动的力量。过去的经历让我知道：知识的确很重要，但更重要的是，要怎么样去"活用"你的知识。从我上一本《助你好运》开始，我就在传递一个信念：通过微小的行为改变，慢慢地，一步一步累积，可以给你带来巨大的幸运。

毕竟"江山易改，本性难移"。你没有办法期待一个人因为读了一本书、上了一堂课，就立刻有本质上的巨大转变。即便他今天忽然因为一本书下定决心要做一个大改变，可能都很难真的落实，因为，在改变的路上，强大的动机不是最重要的因素。要想走到终点，你需要的是"坚持"，怎么才能坚持呢？通过每天微小的行动。

当初很幸运在"十点课堂"的邀约下，我们有机会来构思这样一个心理学的课程。我一直在思索，要通过什么样的方式，才能让曾经帮助过我的心理学，也可以同样帮助到你呢？

从这个方向开始，我跟我的团队经历了一段接近才思枯竭的时期。光是课程理论、脚本设计和拍摄方法，我们前前后后就修改了不知道有多少次。在这样反复修改的过程当中，我们发现，要让心理学能够帮到你，最重要的是这些心理学的知识是"有用的"，而且是"好用的"。我们在每堂课程当中都设计了一些微小的行动和微小的改变，这些行动并不困难，只需要你每天花一点点时间，花一些小心思来完成它。而在这样的过程当中，你就不会觉得"坚持"是一件困难的事情，日积月累，你就可以养成好习惯。

通过这样的课程设计，在"十点课堂"的大力帮助之下，现在我们开发了 12 堂设计精美的视频课。也很幸运，我们这一套课程，目前在"十点课堂"的平台上，取得了 10 万份的销售佳绩，也是目前中国知识付费领域的一个里程碑。我感受最深的是，许多朋友在我们课程上留言说，这些知识和方法真的为他们的生活带来了许多改变。

我觉得自己非常幸运，回头看这些留言，很多时候眼眶都湿了。我很高兴，这些内容能够给他们带来一点帮助。

我们这本书，发源于这些课程，包括如何增强你的沟通能力、如何发展好桃花、如何留下好印象、如何培养好习惯、如何对抗负面情绪等等。我把积极心理学当作我的"核心"，用行动作为我们课程的"动力"，来帮助你创造最"有感"的生活改变。

如果用 PERMA 这个架构来分析，我的第一季课程其实比较着重在讲 R，即积极关系。同时也会涉及积极情绪，与成就的一些概念。因为，"关系""情绪"是我想要先带你一起做的改变，建立好关系，有了积极的情绪之后，你才会有能力去探索更大的"意义"。

"意义"与"希望"，是我在第二季课程当中主要谈到的事情。但要谈"意义"，并不简单，你需要更多的行动与实践才能一步一步找到你人生的意义，而这也是为什么我需要在第二季用 30 堂课来讲这件事情。目前我们第二季的课程，已经在"十点课堂"上线了，也欢迎你加入我们，找到你生活的希望，以及生命的意义。

最后，我要感谢所有在课程开发过程当中帮助过我的人。"十点课堂"、我的制作团队、北京的同事、台湾与大陆的出版社，以及每一个参加这套课程的你，是你们，让我有了前进的动力，也是你们的反馈，让我们可以持续把这套课程更新、优化。

回到一开始，你，会用怎样的一句话，来形容你自己的生活呢？

　　就如同心理学的发展本身，一开始都是从"好但是不够好"的状态，一步一步摸索，一点一点进步，才慢慢走到今天这样蓬勃发展的状态。而你我也是如此，我们都是从不够好的状态，走在一条"更好"的路上。会不会有一天，我们终于变得"够好"呢？我不知道，因为我自己也还在走，但我很确信，自己走的方向，是对的。

　　邀请你，让我们一起，走在"更好"的路上。

行动 **1**

检视自己，
客观阅人

沟通中最重要的事，就是聆听未说出口的那些话。

——彼得·德鲁克（Peter F. Drucker）

2009年，有本书横扫台湾畅销书排行榜，叫《FBI教你读心术》。当时许多人觉得买了这本书，就能学会FBI（美国联邦调查局）探员的绝活，让自己成为一个人体测谎器。但在分析解构许多肢体和非言语行为的含义后，该书作者乔·纳瓦罗竟然写道："从20世纪90年代开始的持续研究显示，大多数人，包括法官、律师、临床医生、警察、FBI探员、政治人物、教师、母亲、父亲与配偶，在测谎这件事上只能靠运气，对错概率一半一半。大多数人，包括专业人士，要正确地察觉到不诚实的行为，准确率并不会比丢硬币更高。"

什么?! 读者们看到这里，可能觉得自己被耍了!

不过，我真是很钦佩乔·纳瓦罗的职业道德。他借由这些忠告，在书里不断提醒读者，不能光凭一些表面技巧就随便对别人下判断，毕竟如果你随便指控某人是骗子，可是会得罪人一辈子的!

许多人对心理学也有一样的误解，觉得我们都像美剧 Lie to Me（《别对我说谎》）里的侦探。即使到现在，还是有人会对我说："哇，你学心理喔? 好厉害! 那你一定很会洞察人心吧!"

　　如果对方看起来能开得起玩笑的话，我就会压低声音，用很戏剧化的表情说："是的，但基于职业道德，我从来不会随便说出别人的秘密……所以，你可以放心！"

　　我虽然是在开玩笑，但一定是因为演得不够夸张，还有不少人真的相信，之后面对我都战战兢兢的。

　　心理学中有个名词叫"透明度错觉"（illusion of transparency），形容的就是这种现象。我们会觉得自己所做的一切都会被人注意到，所以说谎的人也总是会担心别人其实早看穿了他们，只是没说而已。这倒是给了 FBI 探员和心理医生一个莫名其妙的优势。往往就是因为对方觉得我们能看穿他们的心，聊着聊着，他们就把心里话招出来了！

　　虽然心理学没有办法让我看穿你的心，但这门学问给了我一套知识基础，让我在与他人互动的时候，能够更自觉，更擅于跳脱自己的预设立场和标签思维。我不一定比别人更会识破谎言，但我更善于判断互动气氛中的细节；我未必能直接分析得出一个人的真实动机，但我能快速推测不同的可能性，因此在沟通中可以比较灵活地应对。

　　运用这套理论对我最大的帮助，就是让我更善解人意，更容易产生同理心，也提升了自己的 EQ。我知道每个人社交时都会戴上面具，都需要展现保护色，多少都会表里不一，但我认为互动的重点不是去揭穿人，而是在这个人与人的"社交舞"中，跳出符合自己期待的舞步。

在这一章，我将与你分享这套基础理论。

你是高敏人，还是低敏人？

在日常生活的语言表达中，每个人都会展现不同的"人际敏感度"（interpersonal sensitivity），也就是我们对于生活中与人互动的小动作、语调或是用词等细节的观察敏锐程度。有些人天生敏感度就低，所以可能会表现得有些自我，甚至"白目"。有些人敏感度很高，对于每一个小细节都会想很多。太低或太高都不好。过高的"人际敏感度"，反而还可能让你陷入忧郁苦恼。

但不管你是高敏人还是低敏人，好消息是，察言观色是能够被训练的。我们要追求的就是一种适当的人际敏感度，能够通过肢体语言、脸部表情、声调和用语，解读出没有说出口的感受，但同时也不会过度猜测，或让太多噪声对我们构成压力。

在我们正式进入实际的技巧与方法论前，你需要真心接受两大概念：第一是你必须谨慎地敞开心胸，真的渴望理解别人，也别害怕纠正自己，先要接受自己不可能永远都是对的；第二则是当你要阅读别人时，要先保有"假设"的态度。阅读人顶多只是一种猜测，不一定真实，所以大可委婉模糊一点，绝对好过斩钉截铁的强势论断。而且当我们认识一个人的时候，宁可假设他说的都是真的，不要因为忙着猜测，而没有好好观察和沟通。即使你要判断别人是否在说谎，也必须先假定对方说的全是真的，然后再问自己：这样合理吗？ 这就是沟通心理学的经典原则"米勒定律"[①]。

步由心生

其实，我们天生就有很强的观察能力，尤其当我们能够很自在地"窥视"对方时，我们的观察就更细微。研究告诉我们，第一印象只要六秒钟就能形成，这些来自各个感官的综合信息，根本来不及用语言来形容。所以我们往往对人和事物有一种"说不上来"的直觉，但说不上来，并不表示它无迹可寻。

以前在波士顿，我和同学最喜欢坐在户外的咖啡厅，看着来来往往的路人，猜想他们是什么个性、在想什么事情、要去哪里做什么。我们这群同学都有很丰富的想象力，而且嘴巴也真的够"贱"。

---

① 米勒定律（Miller's Law）是普林斯顿大学心理系教授乔治·米勒（George Miller）提出的沟通原则：要理解一个人所说的话，你必须假设他说的都是真的，然后再设法去想象他的话"真"在哪里。这并不表示要全面接受对方的话，而是要先抑制自己的主观意识，试图去理解对方的思考逻辑。

那家伙穿得很闪喔，八成是第一次约会，可惜品位太俗，今晚应该不会成功喔！

你看她一拐一拐的，一定是新买的高跟鞋，还磨脚。应该要去面试吧？这样走路不行喔，一看就涉世未深。

哇噻，那个阿婆的妆化得那么浓，想吓死谁啊？

这些路人应该都不知道我们在对他们评头论足，不然一定会很想冲过来揍人。

这个观察路人的行为固然是半观察、半瞎扯，但隔街看人，还是有不少信号能让我们在短短六秒内做出各种假想判断，而且彼此还蛮有共识的，这不是很奇妙吗？

一个人的穿着，就是第一线信号，让我们看出社会地位、职业身份等各种暗示，而这些信号能深刻又感性地影响我们的直觉。曾经有人做实验发现，当一个西装笔挺的行人闯红灯过马路的时候，其他行人跟着他一起闯红灯的概率，是一般状况的三倍。还有研究发现，医生跟病人说话的时候，要是脖子上挂了一个听诊器，病人会更容易记住医生所说的话，即便医生完全没有用到这个听诊器。衣服的确能影响人的观感，而且在潜意识中影响人的行为。

所以有句话说：不要穿得像现在的自己，要穿得像你希望成为的自己。这确实有道理，因为既然穿着会影响别人如何对待你，那你也就应该按照自己希望被对待的方式来穿衣服。

再来，一个人走路的样子，好比是身体的表情，信号相当丰富。我们开心的时候都会手舞足蹈，紧张的时候也会不自主地抖脚。自从我们的祖先站立在地面上，双脚就是用来追逐和逃命的，它的功能很原始，所以反应也很原始。

从小到大，我们学会了如何控制自己的脸部表情，但较少会刻意修饰下半身的动作，也确实较难修饰。我时常建议刚入社会的年轻人，要增强自信，就先从练习走路开始！不要驼背，让脚有精神一点（这个形容很抽象，但你一定懂我的意思）。不要走得太快，因为一个人走路快，除了看起来着急，也很容易给人社会地位较低的联想。你看那些国家领袖和大老板，走路一定不疾不徐。相对来说，走路太慢也不好。心事重重、压力大的人往往脚步沉重，走起路来拖泥带水，地心引力的作用好像特别大。人开心的时候步履轻快，走路就像在跳舞似的。大家都说"相由心生"，但我们或许也能说"步由心生"吧！

"肢体协调感"，也是一个远距离就能观察到，而且很难造假的肢体信号。美国警方曾做过研究，发现许多劫匪和变态暴力罪犯，会依照直觉挑那些看起来手脚不太协调的人下手，可见这是多么关键的特征。所以在此建议朋友们：出国旅行的时候，一定要穿上舒服的鞋子和轻便的衣着，让你看起来手脚敏捷，而且要保持精神有活力的样子，才不容易被歹徒视为猎物！

沟通温度计

不少科学家认为，表情的用途，纯粹是给别人看，不是给自己的，因为我们独处时，脸部通常都不会有什么表情。一旦身边其他人开始与我们互动，我们的表情就会马上丰富起来。

每个人都一样，只要与别人有互动，即使只是眼神交会，也会不自觉产生一连串的非言语信号。远端观察人获得的信号只有在与对方产生互动之后才会落实为更明确的印象。

想象有一天你走在路上，看到一位身穿套装的漂亮女生，忽然发现她是你许久不见的大学同学。这时，她也刚好瞧见了你，露出惊喜的表情。

久未见面，如今巧遇，这时要给她一个拥抱？跟她握手？还是挥个手，点头致意就好？你的大脑开始快速运转，评估你们之前的交情、对她的好感程度、身边是否有其他人以及她当下的肢体动作，这些都在几秒内发生，好让你在走向对方的时候，及时做出恰当的互动。

谁说我们不会阅人？我们都是天生的肢体计算机啊！

如果你只是一个旁观者，看着两个老友见到彼此的互动，也可以从两人拥抱时手臂张开的宽度来判断他们的交情。双方感情越好，拥抱时手臂张开的幅度就会越大，抱得也会越紧。不那么熟的话，手臂则比较贴近自己的身体，抱得也会比较轻。如果要不熟装熟的话，你就会发现两人身体会稍微往前倾，上半身虽然有接触，下半身却维持一个距离，光是想象这种场面，都会觉得尴尬。

所以，平常的你，应该已经会观察并做出适当的反应，毕竟多年的社交体验已经让我们内化了许多规矩。但或许正是因为这些互动属于体感层面，不太需要思考，所以许多人只靠直觉做判断。这时候，如果你懂得留意某些细节，也许会对当下有更客观的认知。

我与别人互动时，会很注意身躯和头的倾斜度，因为我知道，如果两人彼此有好感，交谈时身躯会倾向彼此，形成一个对称的构图。如果两人的肢体构图明显不对称，那可能反映出沟通也不对称。我们都会靠近喜欢的对象，远离讨厌的对象，这是人的本能。所以无论开会或是聚会，我都会特别留意：这个人是否在肢体语言上开始疏远或靠近。他双手抱胸，往后倾斜，是因为冷气太强？还是因为刚才某一句话冒犯了他？以我的个人体验来说，这种肢体倾斜度所反映的心理状态，比看一个人的表情来得更准。

请不要觉得好像我很刻意想拉拢关系，太刻意想讨好对方，不是这个意思！看到对方疏远，并不表示我就会见风使舵，说些好话来博君一笑，但用这个基本观察当一个"沟通温度计"，能让我注意到沟通问题可能出现在哪里，做更理性的分析，说不定还能实时化解误会。这个"身躯倾斜度观察"真的不难，你只要稍微留意一下，就会发现这些信号随时随地都存在，两人身躯倾斜的互动，像钟摆一样明显！

我会说两种语言："英语"和"肢体"。

——梅·韦斯特（Mae West）

训练你的自觉度

懂得做基本肢体观察之后，我们更需要锻炼的，就是检视自己。我们应该如何在与人互动时，不被自己的情绪过度干扰？要如何用谨慎又开放的方式接受别人，但不让主观意识先入为主影响我们的判断力呢？

这就要靠"自我觉察"（self-awareness）。

"自我觉察"是一种反省的能力，让我们能回头检视自己的直觉，反思当下的情绪反应，甚至反驳自己的主观意识。自我觉察的能力也帮助我们保持理性，找出合适的方法与他人互动，不会因为一时情绪就让偏见成为结论，进而误解别人的想法与态度。

听起来很复杂，是吧？但我们其实天天都在运用这个能力。

让我们倒个带，闭上眼睛，想象自己回到刚才巧遇同学的那个十字路口。这时，想象自己是旁观者，把镜头对向街对面，隔着斑马线看自己站在那里等红灯。你脸上有什么表情？你的站姿是什么样子？身上穿着什么衣服？在这个想象中，你脑海中的自己，就是一种所谓的"内观自觉"，因为你正在观察你自己。这种用旁观者角度观察自己的本领，实在是人类最了不起的能力之一。

这时，想象你看到那位同学正在马路对面行走。你向她热情地招手，她虽然看着你的方向，却对你视而不见，还摆个臭脸。这时候，内观自觉一下，你心里是什么感觉？

当我们向人示好，却只得到冷漠回应时，感觉必然是失望。而这时，我们的大脑就会开始从环境中搜寻原因。也许路上有太多人，她没看到你？也许她正在想心事？说不定她近视，刚好没戴眼镜？但她刚才好像往你这边瞄了一眼，还皱了一下眉头。难道她不想见到你？

刚才在想象空间里发生的整个过程，如果你很认真想象的话，应该能看到那个画面，甚至感受到情绪反应。根据这个情绪反应，我们的大脑会自动寻找线索，来揣测对方的动机，并验证我们的情绪反应是否是对的。

这种"疑心"的能力，也是为了让我们生存下去。想象数十万年前，如果我们的祖先没有这种能力，无法猜测身边谁是敌人的话，我们也不可能活到现在。我们的"小心眼"，也算是祖先留下来的本能之一。

问题是，根据不同的个性、不同的生活际遇，每个人的预设立场也都会不同。如果你是个偏负面的人，第一时间可能会觉得"她明明看到了我，还假装没看到，皱眉头一定是因为不想见到我，脸还那么臭。我有那么讨厌吗?!"而如果你确定了自己的这个主观结论，就会跟自己说："好，没关系，你不想跟我打招呼，那我也不要理你!"于是你冷冷地与她擦肩而过，还没互动就已经产生心结。下次若在聚会上见到那位同学，说不定你还会刻意冷落她。但说实在的，你确定你的观察和结论一定是对的吗?

比较积极自觉的你，可能会觉得"也许她刚好没有看到我，还是叫她一下好了!"于是你大声喊出她的名字，而这时她往你这边看过来，原本带着疑惑的眼神，一旦认出你来，又露出了灿烂的笑容。

这时刚好绿灯，你跑去跟这位许久不见的同学问好。她见到你的时候特别热情，还给了你一个大大的拥抱，跟你说："哎呀，我刚才仿佛见到一个人远远在向我招手，但阳光太强烈了，我根本看不清楚，原来就是你啊!还好你叫了我!"这时候，她原本的皱眉头和臭脸，是否也就有了完全不同的解读?

所以，我们必须锻炼自我觉察的能力，知道自己可能会有什么预设立场，才能够更善于与别人互动，而不要一开始就造成误会。

这在心理学上被称为"情境化思考"（contextual thinking）。我们把直觉纳入参考，同时考虑对方所在的地点、场合属性、身边其他人等环境因素。事实上，这些环境因素可能都会影响你们互动的状态。

> 在互动中观察自己，才能认识自己。
>
> ——李小龙

阅人四步骤

这些年来，我把这种察言观色的情境化思考，归纳成一套 SOP（标准作业程序），分为四个步骤：观察，分辨，分析，试探。

1. 观察

通过观察一个人的行为举止，留意对方带给我们什么样的感觉。有时候，我们会对一个人有很强烈的好感或厌恶感，却说不上来为什么，如果要真正懂得阅人，在学习观察之前，我们必须先了解自己。

　　我也会先问自己，我是否对某些特定的形象、穿着打扮、种族、肤色等个人表征带有成见呢？如果缺乏自我觉察，我们很可能在不知不觉中带着刻板印象与别人互动，得到的信息也就容易失真。

　　你要试着用一种"初学者"的心态去面对每一次互动，同时保持开放的心态，专注于当下。这听起来很复杂，但只要多练习，就能培养出观察细节，同时抑制反射性批判的能力。

2. 分辨

互动一段时间后，就能开始辨识一个人的行为特征，认识他的"惯性动作"。这在英文中叫 establish a baseline，我们把惯性动作设为一个特定水平，才能辨识这个人是否有异于平常的表现。

举例来说，一个人可能有咬嘴唇的习惯。他可能个性比较急，说不定还有点焦虑，或当天喝了太多咖啡。这些无法确定，也不是重点。但如果你在跟他交谈的过程中，他突然不咬嘴唇了，这就是一个异常的信号。这时你要倒带思考：刚才发生了什么事，说了什么话，让他突然停了？这里要提醒一下：不咬嘴

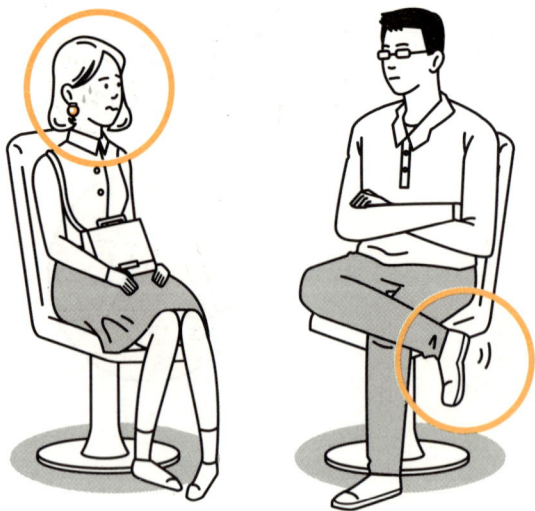

唇，未必代表他就不焦虑！说不定他还更着急，甚至冒火了，但也有可能是放轻松了。你唯一能告诉自己的是：他的内心状态改变了，他下意识的动作也受到了影响。这时，你就有个线索，可以开始寻找他改变的原因。

我自己就常在开会时运用这个技巧。当我向客户做品牌分析报告时，我会留意他们的肢体动作。只要我分析到位，客户通常都会点头。但如果我说了某一点，客户没有点头，那可能表示他们对此不认同，也可能表示他们因为没想过这一点而感到惊讶。我通常不会马上做出反应，而是继续讲别的，稍晚一点再绕回去试探一下刚才的重点。往往这时候，有了第二次的讨论机会，客户会更直接地表达心里的想法。

3. 分析

一个平常不抖脚的人突然开始抖脚，他是紧张？是兴奋？还是不耐烦呢？是因为会议超时了？或刚刚老板走进来，他感受到了压力？进行分析时，我们把环境的各种因素考虑进来，归纳出各种不同的可能性。

分析，就不光是靠想象了，而是尝试用你已经收集到的事实基础，去找到背后的原因。我们开始分析事情时，可以用过去的体验做辅助，但也要小心不要把过去的体验完全当真，毕竟每个人的肢体语言和反应都不太一样。

A. 有所保留？
B. 冷气太冷？
C. 昨晚落枕？

在网络上很容易查到各种信息，告诉你什么动作代表什么意思，例如人在说谎或是紧张时，呼吸会改变，重复字句，遮住嘴巴，不断抖脚，变得多话，忘记眨眼或不停地眨眼。一个懂得察言观色的人，绝对是因为懂得分析和试探，而不是只凭对方的单一举动就做判断。这也是《FBI 教你读心术》的作者在书中不断强调的重点。

4. 试探

通过分析，你对于互动的观察有了一些假设，这时要有技巧地来试探，看看哪一个假设是对的。举例来说，如果你发现一个人开始抖脚、摸脖子、做出着急的下意识动作，你或许可以直接问："你是不是在赶时间呢？"当然，这样直接问，对方很可能因为客气而不会直说。

其实在会议中，如果觉得对方可能不耐烦，我们可以有技巧地表示："会议再开三分钟就结束，我等一下也有另一个会议。"要是对方听了这句话就不再抖脚或摸脖子，那我们就能确定，对方的确是在赶时间。

但如果对方说"不赶时间，还好！"又接着问你："刚才你提出的建议，能在预算内完成吗？"这可能就是他内心焦虑的原因。我自己察觉到一个很妙的现象：只要对方没有要刻意隐瞒或欺骗你，往往你善意地做了个试探，却没有猜对的时候，对方会给你更明确的暗示，甚至会直接说出来。

而有时候，最好的试探方法，就是分享一段自己的故事。这就让我想到一个以前在波士顿生活时发生的事。

读研究生的时候，有位老朋友从纽约来找我。我很开心能为老友当导游，带他去了波士顿最有名的海鲜餐厅，并大力推荐来这间餐厅必吃的龙虾。朋友接受了我的推荐，也点了龙虾。

不过龙虾上桌后，我发现他有点不自在。平常谈笑风生的他，那天却好像有点拘谨，只挑一旁的配菜吃。我心想："他是不是不习惯吃龙虾呢？是不是不好意思拒绝我的好意，才跟着点了龙虾呢？难道他怕把手弄脏？"

我没有直接问朋友，倒是先分享了我自己第一次吃龙虾的故事。"唉呀！"我说，"当时超狼狈的！我第一次吃龙虾完全不知道从何下手，吃得满身都是，把中间那些绿色的膏吃了，那两个大钳子居然放过，后来想用叉子把龙虾尾的肉勾出来，结果整块肉飞溅出来，掉到地上！"

老友听了哈哈大笑，然后告诉我："不瞒你说，其实这也是我第一次吃龙虾耶！"

原来真的是因为我大力推荐，老朋友不好意思不点龙虾，但又怕在我面前出糗。幸好我先把自己过去吃龙虾的糗事告诉他，让他确定我不会笑他没体验。我后来就教这位老友如何享用龙虾，他也吃得很开心，气氛也就回到了原本的热络。

所以，"试探"未必一定是问出问题。有时候，主动分享反而能让对方更快卸下心防，把真实的感受说出来。

察言观色是一套技巧，需要练习。有些人懂得观察，但只能分辨出哪里不对劲，未必懂得分析。有些人懂得分析，却不知道如何有技巧地试探。想要成为明眼人，绝不是一两天的事，必须不断练习、观察与思考。

我把以上重点，化为一个公式：

$$察言观色 = \frac{观察 + 分辨 + 分析 + 试探}{自觉 + 理性思考}$$

有些人一脸精明，反应快；有些人看起来善良憨厚，粗线条。我觉得最好的状态，就是能让自己看起来憨厚，但实际内在细心。为了保护自己的权益、防小人、维持良好的分寸，尤其进入社会后，我们都应该多练习这种融合直觉观察和理性思考的察言观色法。

带着理性思考的察言观色，也能帮助我们更加欣赏每个人的不同。就算你无法全盘了解对方，光是你愿意付出"自觉"与"理性"的心，也能为对方带来一种支持与认可的力量，这也是我们彼此支持、彼此尊重的核心。留意个人的言谈举止可能给对方带来的不同影响，也会让我们成为更好的沟通者。通过感性和理性兼具的思考，通过细心的观察和有技巧的应对，我们能变得更善解人意，更容易拉近距离，也更容易给人温暖、大方的感觉。

所以我认为察言观色的能力，不应该算是厚黑学，反而应该是善意的基本礼貌。

这让我想起最近在一场婚礼上听到的故事：一位年轻人某天与大学同学郊游，认识了漂亮的女孩。回程时，他发现这个女孩一直手臂交叉在胸前，他心想，莫非自己刚刚说了什么让她不舒服的话吗？这时一阵风吹过，他想或许她只是冷了。他什么也没说，主动脱下自己的外套，轻轻替女生披上。

在婚礼上，他太太说："就是在那一刻，我被他的贴心感动了！"

适时的注意和关怀，将心比心，就是最加分的行动。

想让自己成为一个舒服、细心、贴心的人，那察言观色的技巧，就会有加倍的价值。

心理学的客观阅人术

光是看片面的肢体动作和表情，连资深侦探也无法确实判断一个人是否在说谎。人人都会观察，重点在于保持客观，并透过互动来测试对方肢体信号背后的动机。

要先建立这两个心态。

自我觉察
以自我觉察降低刻板印象和成见

理解
以不同角度理解对方的心情

◆ 察言观色四步骤 ◆

1 观察
参考自己的直觉并同时注意细节

2 分辨
设立一个特定水平

辨识对方的惯性动作和异常动作

3 分析
A? B? C?

用不同角度思考可能的合理动机

4 试探
冷气好像有点强？

对于不同可能性做善意的试探

行动 **2**

买一套体面的正装，
开启深层社交

在大学第一周新生训练时，学长就对我们这些菜鸟说："男士们，请买一套合身的西装。女士们，买一套体面的套装吧！那应该是你们给自己的第一笔重要投资！"

一开始我还有所怀疑，但很快就发现他的建议很中肯。虽然美国大学生给人的感觉就是随性，甚至邋遢，但事实上，学校时常会有不少社交活动，都是有服装规定的。无论你今天参加的是模拟联合国社团，还是像我母校时常会举办的师生交流茶会，男生们都会被"强烈建议"要穿西装、打领带，而女生也最好身着洋装或套装，才能显示出对这个活动的主办人和其他宾客的尊重。

我从 8 岁起就住在美国，但一直到大学才开始参加这些较正式的聚会。回顾那段日子，我认为这是哈佛给我最重要的训练之一：提供许多机会，让我与不同种族、不同背景、不同想法的同侪和师长，进行有意义的交流。哈佛甚至在自己的入学网站页面上写着："我们设法找到最能够教育彼此，并教育老师的学生。"教育老师的学生？有没有搞错？

没有。而且这也是我所深信的价值观。我们都能从互动中向别人学习，也都能通过分享教育彼此。读了多少书、做了多少事、年龄、地位、头衔等等，这些一定会影响我们与别人互动的方式。但你可以是个大老板而依旧向员工学习，你可以是家长而依旧向孩子学习，你可以是老师而依旧向学生们学习。这无关收获多少，重点在于心态。

在这一章，我将分享自己多年整理出来的社交法。这除了根据我个人的体验得来，也参考了心理学在沟通和人际关系方面的研究。你可以把它视为一套互动方针，无论你在东方还是西方，无论你是跟老友或新朋友，无论你在户外烧烤或参加正式晚宴，原则都不变。

还是要重复一下学长当年给我的建议：如果你还没有的话，请给自己一笔投资，买一套体面的正装吧！它真的是入社会必备的套件，而且往往你会发现，买了衣服，需要穿上它的机会也就来了。

PEACE 为你赢得正面评价

关于沟通技巧和社交方面的书非常多，像是狂销千万本的卡内基经典名著《人性的弱点：如何赢得友谊并影响他人》(*How to Win Friends and Influence People*)，以及近年来大热的《魅力》(*The Charisma Myth*)。我自己从大学时就对这类议题很有兴趣，也买了许多相关的书来研究。但如果我只能用一个章节，甚至一个字，与你分享其中的精华，我会说：PEACE。

虽然和平也很重要，但 PEACE 在这里象征的不是和平，而是五个英文单词首字母缩写：

Positive

Engaging

Authentic

Connection

Empathy

重点 1：正面（Positive）

首先，你要给人一种正面的好感。

很多时候，要去参加一个聚会前，我们可能心里会有千百个不愿意。也许你知道它八成会很无聊，你可能一个人也不认识，还要想办法跟人寒暄，想到这些你就焦虑。当然你可以强颜欢笑，装作很投入，但如果你能在参加聚会前先转换自己的心情，让自己更积极面对这个社交机会，你的谈吐举止就会不同。

我在《助你好运》中，就曾解释过"假笑"与"真笑"的差别：假笑只在嘴角，但真笑在眼睛。那是因为分布在眼框周围的眼轮匝肌不听使唤，只有当我们真正被逗乐时才能牵动它。虽然不是每个人都懂得观察眼睛的真笑肌,但每个人都能感觉到活动眼轮匝肌的人看起来比较友善!所以,最好的方法不是让自己"假得很真",而是要让自己真的很真!

面对一个你不想去的聚会,就尽量去想象它能带给你的收获,期待这次聚会绝对会超越期待,给你出门的动力,而不只是因为抗拒,让自己充满焦虑。请提醒自己:我内心最抗拒的不是那些人,而是抗拒本身带来的不安。你也可以试试这个思考练习:回想一下,上次在什么样的社交场合,你曾经有过意外的收获?它为何给了你惊喜?你是否当初心里也是有一点抗拒,但后来因为有了很棒的体验,而对那个人或场合彻底改观?什么事情发生得"对了"?你有办法再一次让事情发生得"对"吗?谁说你今天参加这个聚会,就不会有一样的意外收获呢?

我就是用这样的思考练习,克服了自己的社交焦虑,甚至到现在还时常会用到这个技巧。

万一你真的发现自己跟来宾格格不入呢?你最起码也可以想:好啊,我就当个观光客,到此一游!喝个饮料,吃个点心,当个观察者,让自己融入气氛,总比缩在尴尬的自我保护模式中来得好,不是吗?

要给人正向积极的好感,也要注意自己的言语。很多人虽然为人和善,但经常抱怨。抱怨天气、抱怨工作、抱怨小孩、抱怨这个聚会……抱怨很正常，有些时候集体抱怨也算是一种疗愈。但太多负面言语，也很容易造成负面循环。而负面言语用多了，也很容易被视为一个负面的人。下次去一个聚会的时候，你可以观察哪些人用偏负面或是偏正面的言语，以及他们给你的感觉。

我们都知道不能随便骂脏话，限制级的字眼也只留给特定的朋友，这是一般人都具备的社交自觉力。同样地，我们也应该多发挥这种自觉力，尽量在社交中减少自己的负面或消极言语，并多用能带来正面、积极、健康、善良联想的词语：

积极、主动、正面的说法	消极、被动、负面的说法
很好	不差 （虽然负负得正，意思也是好的，但听到的还是两个"负"字眼）
一切都好吗?	现在是什么状况? （显示你的预设立场是有状况）
我要	我得 （显示控制权不在你手里）
我可以接受	我无所谓
这个想法很好，并且…… （当你要补充意见时）	这个想法不错，但是…… （让人觉得你有反驳的意图）
最近工作有点太充实了! （迂回的小抱怨，但显示你还是开心的）	最近忙到分身乏术! （对很熟的朋友可以说，但外人听来有濒临失控的感觉）

通过练习，你会发现多用正面词语一点也不会影响沟通效果，而你给人的感觉会显得更正面。根据语言相对论（又名"沙皮尔－沃尔夫假说"，Sapir-Whorf hypothesis），我们使用的语言能够直接影响我们的思考方式，甚至有研究发现使用负面词语会刺激情绪化的杏仁核，而使用正面词语则能够启动理性的前额叶皮层，所以多使用好字对自己的心理健康也是有好处的！ ①

即便是不好的事情，你也可以试试看，是否能用正面言语来表达。这听起来很别扭，但效果很妙。人可以用负面词语说好

① 对这个概念有兴趣的朋友可以参考安德鲁·纽伯格（Andrew Newberg）和马克·罗伯特·沃尔德曼（Mark Robert Waldman）的书《语言可以影响你的大脑》（*Words Can Change Your Brain*）。这本书也根据作者的研究，提供了一套运用正面词语的沟通技巧。

话，也可以用正面词语说坏话。如果你用负面的言语形容正面的事，那听起来像找碴儿，但如果你能把明明很负面的事讲到听起来很正面，那是一种高尚的幽默功力！假设你今天和朋友聚餐，误踩"地雷"，点到了很难吃的菜，你可以说："这家餐厅怎么那么难吃啊！让人想吐！"你也可以说："这家餐厅非常适合减肥，吃一口就完全没有食欲了！"两者一样是在抱怨，但后者听起来有趣多了，不是吗？

> 开口之前，请先品味自己的用词。
>
> ——佚名

重点 2：投入（Engaging）

这个英文单词是个形容词，指的是一种很投入的交流状态，跟"订婚"没有关系。如果你听对方说"Thank you for a very engaging conversation"，他的意思是"谢谢你，这段交谈让我很投入"。而如果你看到新闻上写"The two leaders were engaged in conversation"，意思是"两位领袖专心投入交谈"，不是"两位领袖在交谈时订婚了"，请不要搞错啰！

今天，我就先教你一个很基本，很安全，人人都学得会，人人都知道，但时常忘记的沟通技巧：对方说话的时候，看着他的眼睛，专心地与他，也只与他，互动。

是的，就这么简单！但我们常常会发现，有些人说话时总显得心不在焉，或你说你的，他说他的。更糟的是，有些人一边跟你讲话，一边还在跟别人打招呼。好的沟通者无论对象是谁，总是能让对方感觉备受重视，即便交谈被打断，也会主动转回话题。假装交心但其实心不在焉的人一下子就会被识破，因为互动的节奏不对劲。

有些举动也会让人觉得你很尊重他，因此更愿意与你交心。比如当你入座时，把手机调成静音并收起来，是一个很重视对方的礼貌行为。对方说话的时候你的身体向前微倾，除了让自己听得更清楚，也会让对方觉得你很专注。

在社交中总是很投入的人也有几个特质：很强的好奇心（curious），对各种体验和论点持有开放的态度（open），在言语和肢体上富有表现力（expressive）。他们能够在交谈中展现高度的专注力，往往是因为上述这些特质，而不只是因为有耐心或很有礼貌。

你是否会对身边那些充满好奇心、总是投入地倾听你讲话的朋友颇有好感呢？你是不是也觉得他特别尊重你，你跟他相处总是特别舒服？如果你因为这种特质而特别想亲近一个人，特别想与对方互动，你也就知道自己该怎么做了。换句话说，如果你能培养对人的好奇心，保持开放的心态，不吝于表达，那也能成

为一个富有吸引力的聊天对象！

比起只让别人对你感兴趣，如果你真诚地对别人感兴趣，

那你在未来两个月内交到的朋友，

会比你在过去两年内交到的朋友还多。

——戴尔·卡内基

重点 3：真实（Authentic）

再来，就是很简单的"真实"。

社交最大的败笔，就是被别人判断你是个"表里不一"的人。比如平时某人总是彬彬有礼，对服务员说话的时候却很不礼貌，这会给人留下很糟的印象。我们不要当表里不一的人，也不要做戴着假面具的人。不要一下子这样，一下子那样，对上级很尊敬，对下属很刻薄。反差越大，越显得表里不一。

而且很重要的是，要显得"真"，在对话的时候，要注意自己的"3V"：

第一个 V 就是 Verbal，也就是你所说的话。

第二个 V 是 Vocal，即你的语气和声调。

第三个 V 是 Visual，也就是你的表情和肢体语言，那些别人看得见的信息。

这三个 V 都要搭起来，不要彼此矛盾。如果你嘴巴说"好开心呦"，但你的笑容很僵硬，或语气听起来一点都不兴奋，就是没搭起来，效果也就很假。这些信号真的很微妙，一点差别都会给人完全不同的感受。语言学家费利希娅·罗伯茨（Felicia Roberts）与亚历山大·弗朗西斯（Alexander Francis）就曾做过一个实验：他们录制了一些对话，让一方提出要求，例如"可以让我搭便车吗？"另一方回答："当然，没问题！"然后再通过剪接，稍微加长或缩短问与答之间的停顿。他们发现，只要问与答之间的停顿超过 700 毫秒（0.7 秒），我们听到这段对话时，就会觉得回答"当然，没问题！"的人不够真诚。

伤脑筋啊！除非你是演员，我建议你就不要烦恼这些毫秒的细节了。当我们刻意想展现某种状态，但又做得不够好的时候，只会弄巧成拙，这样反而别扭，就像有些推销员学了一堆肢体语言和话术，从鞠躬角度到握手强度各种技巧都练过之后，反而让人感觉很"油"。

所以，Be yourself 这两个字不只是口号，更是个善意的提醒。我们都喜欢比较真实的人，所以就不要过度包装自己，做太多假形式。让你的表情、语调和肢体语言都自然流露，即便超级不修边幅，也是一种自然的魅力。

如果你本身就不擅长表达自己呢？也没关系！"真实"的表现和分寸因人而异，需要自己拿捏。不是每个人都能大大咧咧的，有些人天生内敛或拘谨，这都不是问题！本来每个人都有自己的风格，重点是让自己放轻松。自在一点，负担会少一点，也更能够让对方与你互动。少花一点力气做样子，多花一点精力与对方交心，并且用同样的尊重态度对待每一个人，要显得真实就不难了。

当你做真实的自己时，没有人能和你比。

——佚名

重点 4：联结（Connection）

接着，你必须找出"联结"。

我们所熟知的"六度分隔理论"（Six Degrees of Separation），讲的是社会上任何两个人要产生联结，平均只需要通过 5.5 个人就可以实现，但 Facebook（脸谱网）在 2016 年将当时的 15.9 亿用户资料进行比对后，发现这个"六度分隔"的平均值其实只有 3.57。是的，你跟你的偶像只有 3.57 个间接关系的距离，跟任何一个陌生人和新朋友也是如此！

根据"社会距离"（social distance）的概念，我们与别人的关系就好比空间中的配置，有些人在你内心亲近一点，有些人疏远一点。对于社会距离比较近的朋友，我们想到的事情会比较具体；而对那些距离远的，我们就会用比较笼统和抽象的概念去想他们。所以在社交时，我们对一个朋友的认识越具体，也就越容易拉近他们在心里的社会距离感。

同样地，两个人有一些共同点，这些共同点越具体、越特别、越难得，两人的社会距离感也就会越容易拉近。社交的时候，我们就要尽量建立这些联结。你跟对方有什么共同朋友？共同背景？共同兴趣？共同联结越多、越精准，就会感觉越亲近。

想象一下：两个素昧平生的人在聚会上一听口音，发现彼此是老乡，然后再继续问，发现竟然来自同一个地区，甚至在同一个乡镇长大，一下子就称兄道弟了。当然我们不可能每次都会这么幸运，但只要多交流，一定能找到一些与对方共享的特点。也许是你们都喜欢的音乐？喜欢的球队？喜欢的电影？每个分享，都是建立联结的机会。这就像是地图上一格一格的坐标，越多的坐标被联结，双方的距离也会越近。

但也要注意喔！有些时候看似在回应彼此的联结，但其实是在较劲，例如以下这段对话：

> A：我喜欢旅行。上次春节假期，我去了一趟欧洲，而且我抢到很便宜的巴黎机票！
>
> B：嗯，我最近听了一场歌剧还真是不错，也是抢到便宜票！
>
> A：是啊，巴黎啊，真的是每个角落都如诗如画，卢浮宫我连去三天，都还没看完！
>
> B：嗯，我跟你讲，最厉害的美术馆，都在纽约。整个城市都是一个美术馆。
>
> A：我觉得巴黎也是耶。
>
> B：那你就错了，纽约我熟得很，改天我当导游，你就知道了。
>
> A：呵呵……好……（接下来就找个借口离开）

这就很尴尬了，对不对？两个人都在展现自己，虽然有些联结点，但却越连越远。

换个方法对话，看看怎么辅助两位彼此建立联结：

> A：我喜欢旅行。上次春节假期，我去了一趟欧洲，而且我抢到很便宜的巴黎机票！
>
> B：哇，欧洲耶！我很想去，但还没机会，巴黎有好的歌剧院吗？我特别爱听歌剧。
>
> A：有！巴黎啊，真的是每个角落都如诗如画，我没听

歌剧，但卢浮宫我连去了三天！

　　B：是哦？看来你很喜欢艺术？

　　A：是啊！没什么研究，但就是爱看。

　　B：其实我也是，所以我喜欢旅行，我觉得一个城市就是个艺术品。

　　A：你讲得太对了！

你不必去过巴黎或纽约，也可以从别人的分享中，找出与自己有共鸣的地方，从那里延伸出彼此共享的体验或看法，建立更深层的"价值观联结"。找出并肯定彼此的联结，也能帮助你自

原来我们
都是甜点控！

己更容易记得每一位新认识的朋友，下次再见面，只要提起这些联结，也会马上唤起当时的好感。联结，一直存在，随时等待我们的触发，绝对是成功社交的不二法则！

> 两人之间不明显的共同点，比明显的共同点更有联结力。
>
> ——赫拉克利特

重点 5：移情（Empathy）

最后，所谓的移情，指的就是同理心。

有同理心的人不但更容易受到别人喜欢，也更容易喜欢别人，因为他能用同理心理解对方，也就更容易看到对方的好。

"同理心"（empathy）与"同情心"（sympathy）不同。

同情心是：喔，你好可怜喔！让我来帮你吧！这有一种自上而下的优越感，很容易让对方觉得不舒服。

同理心则是为对方感同身受，设身处地，跟他一起走，感受他的世界。

即便是不好的遭遇，别人与我们分享体验时，嘴巴不一定会说，但内心一定会问，也渴望我们能回应的，就是这个问题：如果你是我，你能理解我的处境吗？你能感受我当下的感觉吗？他们要的可能不是帮助，也不是体谅，而只是一种理解。即便做了傻事，他们也不希望别人只把他当傻瓜或可怜虫看待，而是一个有血有肉、有情有欲，也有不少无奈、冲突和矛盾的人。换句话来说，也就是我们每一个人。

所以从这个角度来看，产生同理心应该很容易，但有时候也很困难，因为我们都有主观价值。有时候我们实在无法认同对方，或听到某些事情时会不自主地觉得反感。同理心的重点，是提醒我们不要急着下判断，不要急着说教，而是先试着理解对方。这不代表你一定要什么事都跟对方站在同一边。你可以说"我主观上很不同意，但我真心想听听你的思路"。即便对方的立场与你不同，他也会因为你愿意听他的想法，而对你多一分打自心底的尊敬。而且，当你用同理心对话的时候，也更容易让对方卸下心防，让对方接受你的建议。

举例来说，假设你的同事某天向你诉苦，因为她孩子对她不敬，她在气头上狠狠打了孩子一顿，事后又很自责。这时，请不要趁机说教"唉呀，打小孩不行啊！孩子很容易留下阴影啊！"也不要直接就跳到解决问题的模式：那你要怎么跟他沟通呢？你打算跟孩子道歉吗？

以上这些话或许可以晚一点说，你必须先从同理心出发，不管你是否认可她的行为，最起码可以表示你能理解她的情绪："我想，如果我是你的话，也一定非常痛心！我自己虽然没小孩，但我的狗有一次刻意在家里搞破坏，我骂它的时候还对我狂吠，那次也让我气得想要打它！”

　　你没说对方是对的，但你正视了对方的感觉，并且用自己的体验来理解对方的体验，让这位焦虑又自责的妈妈觉得有个愿意倾听的朋友。往往你会发现，当你能用同理心描绘出对方的感受时，那种共鸣感会让对方平静下来，甚至变得更理智。这时候，你们就能一起来讨论如何解决问题。你可以劝导，可以说服，可以不同意，也可以反对，但你一定要先以同理心为基础，尊重并设法理解对方的不同。

年轻时的我，很没耐心，也很主观，对于谈不来、价值观不同的人，总抱持着"道不同，不相为谋"的态度。当时觉得自己很洒脱，很有胆量，后来才发现这份洒脱让我错失了许多与人结识的机会。交友一定要有原则，但也绝对不能缺乏同理心，即便是对这辈子无缘成为朋友的人。

我的心在两个地方：我这里，你那儿。

——玛格丽特·阿特伍德

对别人好，不需要用什么厉害的礼物去买通。懂得深层社交的你，能直接间接地感受到各种好处。这好处绝不只是钱财、名声，而是更滋润心灵的舒坦与宽慰。别人在跟你互动时，如果也都能获得这种感觉，你自然就能在社交圈得到许多正面的评价，也会有许多支持你、愿意帮助你的朋友。

PEACE，是我从我的人生体验中、学习中，归纳整理后，提供给你的最简单、最快速的一个法则。它是我走进每一个聚会时的心态，也让我这个原本害怕社交的人，在世界各地都交到了朋友。

印象中每一次选美大赛，世界小姐讲到自己的心愿时，总是会说："我愿世界和平。"听起来老掉牙，但我真的相信，如果我们都能用 PEACE 原则与彼此互动的话，最起码能让这个社会平和许多。

所以今天，请让我高举这个"世界和平"的皇冠，为你戴上吧！希望你能常用，让它成为真正属于你的工具。

> 为了你的名誉着想，别只为了名次。
>
> 为真正的联系着想，别只为了关系。
>
> 为忠诚着想，别只为了出名。
>
> ——泰德·鲁宾（Ted Rubin）

PEACE正面社交力

社交的重点在于双向的交流，不是单向的自我展现。
以下这些社交原则，都能够帮助你建立良好的互动。

Positive
正面的态度和用词

Engaging
百分百投入交流

Empathy
以同理心理解对方

Authentic
表里如一不做作

Connection
积极寻找共同点

行动 **3**

盖一座动人的故事屋，
让聊天更有效

我们都会很羡慕一些人，他们好像无论在什么场合都很自在。什么人都不认识，对他们来说从来不是问题。几分钟后，你就看到他们跟别人聊得很热络。他们哪来这么多话题啊？到底反应要多快，要多博学多闻啊？

十几年前，在我刚开始主持广播节目时，这是最困扰我的问题。一个广播节目，不像电视，没有画面，看不到表情，只能靠内容"好听"取胜，但到底怎么才算好听呢？以前我很在意，想把节目做得有分量，一定要言之有物，有独特的观点和见解。我甚至每次都会把开场词背下来，一切照着访纲走，只要来宾离题，我就会很慌张。

直到有一天，在一场聚会上遇见了一位广播界前辈，前辈送给我一句建言："刘轩啊，其实好听的广播，就是好听的对话。"

简单的一句，让我琢磨了好几年，才逐渐摸索出其中的道理。

确实，一个主持人的工作，不是讲出那些拍案叫绝的段子，不是要妙语如珠、口若悬河。主持人的工作，是要让来宾能够展现自己的口才，让来宾能够讲出他们的故事，带出他们的情绪，让来宾能因为你而聊得开心。你这么做，气氛变好，节目自然好听，来宾放松了，也就自然会给出好内容。

聊天，其实也是这样。我们往往把它想得太复杂了，以至于还没开口就已经闭上了自己的嘴巴。不过聊天也不仅仅是开心的寒暄。这个过程有始有终，也有一个固定的节奏，这就是我要在这一章与你分享的。

首先，请回想一下，你上一次与某位新朋友的对话中，是什么让你印象深刻，觉得那实在是一次良好的互动？你是怎么认识对方的？在什么样的场合？你们聊了什么？怎么找到共同话题？怎么跟对方热络起来的？

我猜，你可能很快就想到某个场景，但细节却有点模糊，是吧？可能你记得的是某一句话，或对方的一个表情，或只有一个抽象却又很真实的"感觉"。

一段好的对话，往往给双方留下来的就是一个好的感觉。再慢慢回想，也许你会想起一些细节，但那感觉才是最明确清晰的，而下次再见到那个人，当时的感觉还是会涌上心头。所以跟一些特别聊得来的朋友，我们总是会觉得很奇妙：怎么好久不见，一见面却又不会生疏，马上又能聊起来呢？那就是因为感觉"对上了"。

> 两个独白不叫作对话。
>
> ——杰夫·达利

感觉，比信息更难忘

该怎么营造出"对"的感觉呢？

我自己经常使用来帮助你们理解的意象，来自教育心理学的一个概念，叫 scaffolding，其实就是"支架"的意思，也是盖房子的时候，建筑公司搭在房子四周的鹰架。

我把聊天的过程，想象为盖一座房子。你怎么搭这个鹰架，会决定这个房子将来成为什么样子。今天，当你要和别人盖一栋房子时，要先找一块地，勘察地形，整理地面，打好地基。接着才要运输建材，搭起鹰架，然后从地面开始，一层一层往上盖。你们可以相互引导，相互协助，但你不能把那块地抢过来自己盖，塞满自己的想法、自己的故事、自己的意见。不然聊天只会变成各自表述。

这是我给自己的第一项功课：先克制自我表现的冲动，让彼此的沟通产生"同步感"，让"聊得来"的感觉自然发生。

第 1 步：勘察地形

在盖房子、买房子前，我们一定会先做功课：这地段好不好，左邻右舍是什么人，附近的学区、商圈又如何……和人聊天，是不是也应该先做点功课呢？这就好比勘察地形，做点功课，才能知道该和他聊些什么。

当主持人时，每次采访来宾，我一定会先做基本功课，比如上网搜一下对方的背景、资料。其实，这个方法不一定只适用于采访式的聊天，在任何场合、面对任何人都能派上用场。

你预先知道要认识一个新朋友，或是与某位重要人士有一场会议，只要能知道对方的名字，利用网络，很轻松就能先做点功课。就算找不到资料，或是不清楚对方是谁，也可以先问一下，你要去的场合会有哪个行业的人士？稍微研究一下这个行业的背景和最近的消息。

有时候，你可能人已经到了一个地方，才遇见想要聊天、认识的对象。这时，你可以先找邀请你来这个聚会的主办人，或是共同的朋友，先请他给你一些对方的背景信息。大多数情况下，主办人或朋友说不定马上就会带你过去，直接引介对方和你认识。即便他没空，最起码你也掌握了一些信息，就不必害怕一开始时大眼瞪小眼，没半句话好说。

当然，如果今天要和一位重要人士开会见面，你可以先上网查查他的生平、认识一下他工作的行业，更加分的是，你还可以先学上几个行业中的术语，把这些术语用在交谈中。例如，当对方说他是设计师时，你可以问他："那你是做平面设计还是工业设计？"如果对方说他是程序设计师，你也可以追问他："哇，那你是写 App（应用程序）还是系统程序的呢？"对方听到一定会马上提起精神，心想你就算不是同行，也应该是个内行人。

网络营销大师许景泰就有一个很棒的方法：运用 Facebook 做分类群。他会设定许多不同的类别标签，例如网店店主、科技媒体、时尚媒体等等，每次认识一位新朋友就立刻加他的 Facebbook，并设定标签。这么做的好处是，他只要一按某个类别，页面上就会立刻出现那个类别中所有朋友的信息。某次聊天，他还跟我分享："这有一个很大的好处，下次见到他们之前，很快刷一下他们的状态，就能知道他们最近都在做什么。"到时候一见面你就可以说："啊，××老师，你最近开的那个课程进行得如何？"对方一定会觉得备受尊重（谁知道你说不定是五分钟前才恶补的而已）。

平时，我们也能多看看行业新闻，阅读不同领域的知识。你不需要读得很深，不要让自己有信息焦虑，即使只是过目，也总比完全不接触来得好。而且，这些基本知识，会让你更能言之有物，碰到什么话题都不怕，绝对比你每次只聊天气和八卦来得更有价值。

所以，在开始盖房子前，看地形的功课，是不能省略的。只要每天花几分钟浏览一下新闻、时事、流行的话题，或是阅读一些最近热门的书，甚至是你的社交网站，都可以获得不错的谈资！这样，不管将来面前出现的是什么人，你都能有备无患。

详细的准备，能创造自己的机会。

——乔·派耶

第2步：打好地基

两个人开始交谈，基本的沟通模式，包括对彼此的印象，大约在最初的 3~5 分钟内就会建立。这短短的几分钟，就像是一栋房子的地基，地基打得越牢，聊天过程就会越稳，楼就可以盖得更高。

牢地基取决于什么呢？就是你和对方所建立的对话空间和感觉。

两个陌生人第一次见面，多多少少会有点紧张，有点尴尬，尤其是比较内敛含蓄的亚洲人。但相处的时间久一点，当你们习惯了彼此处在一个空间里，这种尴尬就会逐渐淡化。打地基的目的，就是为你和对方减轻一开始的不自在，让对方觉得跟你聊天是舒服的，可以畅谈，不会拘谨。所以在这个阶段，感觉比信息更重要。

通常我们认为要跟别人聊得来，只要听懂别人说的话，知道怎么回应就好了。但事实上，沟通的本质不只是口语上的理解。还需要一些相似的姿态、手势或口吻等非言语互动的同步，双方的内心才会产生那种"对上"的感觉。这也是为什么我们常常会在跟别人聊天时不自觉地模仿起别人的动作，而这样的彼此模仿，就是在潜意识中增加彼此的好感。

反过来想想，当你无法跟别人在谈话上达成同步时，这种总是对不上频道的感觉就好比话不投机，会让我们对对方产生一种距离感。当我们又特别注意与对方的差异性时，距离感就会扩大。

要营造这种轻松的好感，首先不能排斥客套的问候、寒暄、聊天气这种 small talk（闲聊）。

Small talk 的特点就是很 small，很表面，没什么个性，但同时也很轻松、友善。重点在于，你说的时候可以很轻松、友善。对方可能完全不会留心你说些什么，只会注意到你这个人是否给他好感。所以，不要一开始就为自己的客套话道歉，或在那里要说不说，很尴尬的样子。

不久前，我住的社区搬来了一户新邻居。他家在装潢，每天敲敲打打的，但从来没见过屋主。有一天，我在梯厅见到了一个拿着感应卡的陌生人。因为多半住户搬进来不久后都会把感应卡换成能挂在钥匙圈上的"感应豆豆"，这位仁兄还拿着感应卡，应该就是新来的吧！

他看了我一眼，并没有打招呼。我们两人一起等着电梯。这时我心想：要怎么开始跟他聊天呢？我可以直接问他："你是新搬进来的吗？"但这样好像带一点质问的语气，不太好，所以我就先说："最近几天开始热起来了。"

他看着我笑笑，说："是啊！"

"终于开始热了，但一热就闷。"我又说。

"是的，是的，现在晚上都要开冷气了。"他回答。

电梯门开了，我们一起走进去。

按了楼层后，我说："好几次看起来要下雨都没下，棉被也不知道该不该拿出来晒。"

他又点点头，但这次他加了一句："请问棉被可以直接拿到顶楼晒吗？"

"可以！"我回答，并问，"对了，我好像之前没见过你，请问你是我们新搬进来的邻居吗？"

"是啊！我们上个月刚搬来的，还没机会在社区大会上自我介绍呢！"

电梯到了他住的楼层时，我们已经彼此认识了。之后每次见到这位邻居，他都对我特别友善，也会主动跟我聊天。

你可能会觉得我多此一举，为何不直接问他什么时候搬进来的呢？但一开始就问对方的身份、工作、住哪里等等，某些人一定会觉得太直接。我就很怕碰到那种见面就问你整个祖谱的婆婆妈妈，所以我总是提醒自己：在营造亲近感的同时，也要尊重个人空间，不要一开始问太隐私的问题，不要让对方觉得你要挖掘他的生活细节（这种对隐私的尊重对欧美人士来说特别重要）。所以，我选择用很"无聊"的方式开始，主要是为了展现我的友善。经过前面几句来回的宣暄，我们破了冰，化解了两个陌生人在电梯密闭空间中的尴尬，也自然制造了认识的机会。

别担心无聊。聊天的一开始本来就不会非常有趣，况且无聊本身也有自己的价值呢！

> 人只有一生，所以再无聊的时光，也都是限量版。
>
> ——佚名

讲到空间，还有一点要特别注意的，就是尊重社交距离。这里指的是一个人需要与交谈对象保持的舒适距离。有些人喜欢很近的促膝长谈，但有些人可能要站远一点才比较自在。这个社交距离就好比是个气泡，被侵犯了就会破灭。因为每个人的气泡距离都不太相同，所以你必须特别留意。当对方有点往后倾，甚至倒退时，并不一定表示人家不喜欢你，可能是因为你站得太近了。这时候侧开身体，制造一点空间会比较好。

当然，如果你要去参加社交聚会，请不要吃生蒜、洋葱、韭菜。如果有抽烟、喝咖啡的习惯，那最好随身带着薄荷糖，不要因为"气场太强"而让人敬而远之。我以前都会在西装口袋里放一盒糖，但发现走动的时候常常会沙沙作响，之后就改成了薄荷片和喷剂。

最后还有一个小技巧，我很少跟人分享，却是我个人常使用的社交秘诀，在结识新朋友的阶段非常有效，那就是：转述别人的赞美。

> 原来 ×× 人说的那个厉害的学长就是你啊！
>
> 刚才听 ×× 说，你是他认识的最厉害的广告人。
>
> 主办人叫我一定要认识你，说你的人生经历可以直接出书了！

别人的赞美说出来不但不会肉麻到自己，还让对方很有面子，也为称赞他的人加分，这是为别人积口德啊！你这样还可以直接顺着问对方："你们是怎么认识的呢？"

当一个带来赞美的使者，人人都是赢家。

赞美不但对人的感情，对人的理智也有很大的帮助。

——托尔斯泰

第 3 步：加盖楼层

如果用盖房子来比喻聊天的过程，在一开始低楼层的阶段，比较适合聊一些实际的观察、叙述。但当房子盖得越来越高时，就可以聊更多内心的感觉和想法。若你渐渐能和对方从叙述事情，聊到感受、感觉，也就代表你正一步步靠近他的心灵阁楼。

如何才能顺利地一层层往上盖呢？最直接又简单的方法，就是让对方说出他精彩的故事，再拿自己的故事来交流。

每个人都有精彩的故事，每个人也都爱听精彩的故事，但不是每个人都会说出精彩的故事。这，就是你可以效劳的地方了。既然你是来搭鹰架的，如果对方有一堆凌乱的瓦片和砖头，你就可以帮助他把这些碎片组织起来。

我之前在台湾飞碟联播网主持的广播节目《艺术好好玩》，每周都要访问一位艺术家。因为我父亲也是画家，所以我很清楚，艺术家的每一件作品后面必然有一番故事，例如创作的灵感来源、创作的过程，其间遇到的瓶颈和自我挑战。但有些来宾擅于创作，却不擅长谈自己的作品（他们的官方回复通常是"让作品本身说话"），这时候我就会问他们成为艺术家的心路历程。我发现，无论一个人说自己的一生时多么平铺直叙，也一定有转折点。无论一个人显得多么随遇而安，也一定有必须做出困难决定的时候。

主角的困难决定，就是所有故事的核心。电影因此好看，故事也因此精彩。

因为人生本来就充满波折，每个人都有克服波折的经历，让自己的决定改变人生的曲线。这些过程绝对值得我们学习，让我们成长。这些都是有价值的故事，天下每个人都有。

有些时候，分享故事真的不太容易，尤其当对方有所保留，不太愿意透露自己内心的时候。这时，我就会先分享一些自己的故事，用说故事的时间先让对方习惯与我对话，让他逐渐放松，而且往往我的故事也能让来宾联想到一些自己的体验。

这不只限于广播访问，一般的社交场合也绝对适用。只要注意别把自己的故事讲得太长就好。别让抛砖引玉，变成了狂丢砖头。也许你可以先从别人的故事聊起，例如介绍你们认识的人、共同的朋友，或聊一些共同的回忆。当然，请注意，尊重隐私，避免八卦。

而一旦对方开始说起他的故事，请不要打断他，那是大忌！例如，如果他说"我上个礼拜刚从巴厘岛回来……"最糟的回答是"之前我去巴厘岛，怎样怎样……"你没等他说完，就把人家的话题变成一种自我炫耀，那还聊什么天？等对方先说完，再分享自己的体验。

也不要太快下结论。如果对方说"我上个礼拜刚从巴厘岛回来，发生了很多有趣的事……比如我每次要买东西时，都很紧张，因为简直就是高手过招……"如果这时你回应他："对啊！那里真的都是这样，讨价还价太累了，很多人宁可不买！"

然后呢？对方起了个故事的头，你却立刻下了一个很笼统的结论，那要他怎么讲下去？专注于对方，试着正确地回应对方，才能够正确地解读别人没说出口的话，理解故事背后的情境与原因。最后，也才能用对等且真诚的关系来互动。最主要的概念还是：先把自己的舞台放低一点，让别人站上台，把他的故事当一回事，好好地与他互动。

你可以先问一个具体的问题："你'杀'到最低的折扣是多少？"

或者："你曾经上过当吗？"

更好的问题是："你说买东西像是高手过招，那你碰过哪个高手，让你觉得真的很厉害？"

一个好的问题，往往能够引导出好的故事。

重点是你要鼓励对方说出来！让自己的表情随着对方的故事而改变，陪着他一起再度经历故事的每一个曲折。对方说得精彩，为他喝采！用语气和眼神鼓励他说，多问一点问题，鼓励他用具体的描述，让故事充满画面、色彩、声音、味道。因为人人都爱听故事，所以会聊天的人，能帮对方用说故事的方式分享自己的体验。不但自己听了不无聊，说不定还有些启发。而对方也得到了抒发，这才叫宾主尽欢。

聊天的过程，也是为了创造共鸣。最容易创造共鸣的方法，就是把自己放在对方的故事中，跟他一起体会那个体验，你可以试着跟他说："哇，如果当下我是你，一定会觉得……"这样，就帮助你们从讨论一些客观的事实，快速前进到谈感觉的层次。

而如果你听到了一件深有同感的事，你可以选择把这个共鸣点先留在心中。如果对话突然卡住，词穷的时候，你再把刚刚

的共鸣点拿出来："其实，你刚才说到 ×× 的时候，我特别有
共鸣……"这其实就是英文里"me too"的反应。有些人特别喜
欢在当下反应，别人尾音还没说完，就冲出来表达"啊！真的真
的""没错，我也是，我也是"。这没什么不对，但切记不要太急，
因为太急着表现同意，只会让对方觉得你过于心急。说不定还会
觉得你只是表面客气，并不真心。

你可以先同意，点点头，但不要急着说，先让对方说完。等
轮到你分享的时候，再把那些共鸣点说出来，对方会更有感觉。
比如对方跟你说他最近读了哪本书，给了他很大的帮助。即使你
刚好也知道这个作者，也要让他把他的心情诉说完，再说："你
刚刚说的作者，我也非常喜欢，他的许多作品，我也都读过。"
这种有礼貌的共鸣，会比你立刻说"啊，对对对，我知道，我也
喜欢他的书！"来得更好。

让人把想讲的事情讲完，绝对是一件能让他感到满足的事
情。许多谈论生命故事的心理学家，如丹·麦克亚当斯（Dan
McAdams）教授的"生命故事理论"（life narrative），总是传递
着"讲述故事"与"聆听故事"所塑造的人生，不仅是我们语言
表达的目的之一，更是我们为自己定义生命意义的方式。就算是
一段小小的生活体验分享，我们让故事得以完整地被描绘出来，
都是让彼此的生活体验产生意义的重要过程。因为它被讲述了，
也被人仔细倾听着，所以故事就不仅仅是琐事，而是一件对彼此

有意义的事。

每个故事都有个结尾，也就是故事的经历对主角所造成的改变。你可以试着问他："这些体验是否改变了你呢？""如果可以再来一次，你还会做同样的选择吗？""你之后还会自己出国旅行吗？""你觉得自己还会愿意相信别人吗？"

你就算清楚地知道了一个人一整年的流水账，或许总结之下，他自己还是会归纳出一个令你惊讶的感受："虽然那次被人拿枪对着头，我差点丧了命，但我还是会选择一个人旅行，因为……我不想让恐惧控制我的自由！"

而如果你听了对方的故事，觉得特别有共鸣，那更好！请大方说出你的感受，顺便分享自己的故事。通过这些实际经历的分享，相信能让两人堆栈出更深层的共鸣和感受。

好的沟通就是：说的人，要说到对方想听；

听的人，要听到对方想说。

——佚名

第 4 步：阁楼谈心

让我们先把盖房子最终会抵达的顶楼，叫作"心灵阁楼"，接着请把它想象成一个温馨的小房间，只对知心的人开放。里面有很舒服的沙发，烧着柴火的壁炉，摆着热可可的小圆桌。当你跟对方在"心灵阁楼"里谈天的时候，即便外面的喧哗包围着你们，内心的感觉也是平静、专注的，仿佛世界上只有你们两个人。

如何拿到心灵阁楼的钥匙呢？你要与对方创造深思的空间。

回想一下自己的体验，那些令你印象最深刻、最难忘的交谈，往往是让你发现新的视角，对你内心有冲击，给你一种豁然开朗或心心相系的感觉，不是吗？这些感觉或许很少发生，在第一次交谈下更是罕见，但这并不表示是不可能的。如果 36 个经过设计的问题就足以让人坠入爱河，那一段用心的交谈，也绝对能开启深刻的友谊。

心灵阁楼，是一个有感情的思考空间。

有一种心理学使用的辅导技巧叫作"价值厘清"：通过一个设计好的互动过程，让人能观察自己在不同生活层面的价值观，例如对伴侣与婚姻、家庭关系、友谊、职业生涯、成长与发展、娱乐、精神层面、公民生活等的想法。

你可以想象一个人的心灵阁楼中，放了许多不同颜色的瓶瓶罐罐，每个里面装的是一种经历和故事淬炼出的人生价值观。每个人或许放的东西都不一样，所重视的层面也不一样，甚至喜欢分享这些价值观的方式也不同。如果你想要与别人在谈话上找到最深层的共鸣，知道在阁楼中哪一个方面是他最关心的，那就要先通过方法找到讨论的基础，彼此的聊天才能真正深入，也才会产生更真实同步的好感。

例如，有些人就像是天生的哲学家，他们在阁楼里喜欢谈抽象、宏观的概念。这种人说故事的时候会自然往这个方向走。例如，从买东西讨价还价的故事里，他就会开始讨论人性。这时你只要顺着他的思路，陪他一起思考，也许问个苏格拉底式的问题："你觉得人是不是只要占到便宜就开心？""你觉得讨价但不还价，会不会让双方都难过？"有时候，一个有意思的问题，马上就能让双方进入深思的空间。当然，这种哲学类的抽象谈话，并不适合每一个人。

例如，另一种心灵阁楼中的谈话类型，常常与个性和价值观有关。同样是讨论占便宜的故事，对话就会落到比较个人的层次。这时你就可以和对方说："你似乎是一个很不喜欢被占便宜的人。要是碰到不公平的状况，你是不是会不惜一切对抗到底？"这样的问题，就会让对方开始反思自己的过去，他可能会告诉你："很有意思，我从来没有这么想过，但你既然这么说……"因为你在心灵阁楼里，让他有重新认识自己的机会。

还有一些人的心灵阁楼，充满了梦想和想象的空间。例如，当你问他："假设有一天，你孩子不再跟你顶嘴了，那会是什么感觉？"他可能眼睛转一下，想个片刻，然后给你一个很真诚，甚至令你意外的答案。

你发现了吗？打开以上几种阁楼的钥匙，都是一个好问题。

还有另一种我观察到能打开心灵阁楼的技巧。如果你通过之前的聊天或从对方分享的故事中，发现对方给你的感觉和一开始你认识到的他有所差别，那么这点，也就可以成为另一个很深入的话题，因为每个人都有外界认识的一面，但也有希望别人真正认识的一面。

你可以和对方分享你的观察，比如"我觉得一般人看到你都会觉得你很强势，但其实从刚才你说的故事里，我发现你其实有很柔软的一面……"找到一件对方一直在追寻或在意的，想为自己说明的事，只要你能抓到这个感觉，那和你聊天的人，保证会忘不了你。

以我自己来说，许多年来，很多人听到我的名字，都会说，"啊，你就是刘墉先生的儿子！"或是说："喔！听说你是哈佛毕业的！哇，好厉害！怎么后来还去当 DJ 呢？"

这些标签，如影随形。有一次，在一个聚会上，我认识了一个朋友，他跟我聊了一会儿后，就用闪亮的眼神看着我说："顶着那么多光环，一定很难让人看到真正的自己吧？"哇，这么一句就讲到我心坎里了，我像被启动了什么开关一样，敞开心，话匣子也打开了。我很感谢他，因为我觉得他看到了真正的我，或起码，愿意认识真正的我。

我们每个人都有被世界误会的地方，都有希望为自己澄清的一面，都有希望撕掉的标签。

平常，我们内心深处的价值观、想法与态度，都藏在交谈的每一句话背后。背后的真人是什么样子，我们很难判断，说不定连对方自己都搞不清楚。当你想要走进别人的心坎时，你不一定真的多知道什么，而是因为你展现出了想要了解这些深层个性的渴望。对于大部分人来说，这已经胜过 99% 只会与他们扯淡的泛泛之交了。要踏入心灵阁楼不难，但你要先放开个人成见。本来人生就是复杂的、难解的、充满矛盾的，而能够不带着批判看到这一面的人，就值得当个知心朋友。同样，你也应该适时地打开自己的心灵阁楼，邀请对方脱离客套，在一个将心比心的位置交谈。如果你用这种态度交友，人缘也一定会好。

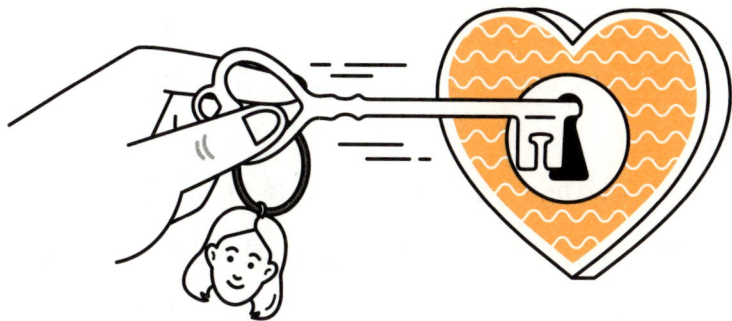

用心相待，用同理心理解，用真心换真心，才是走进别人心坎里最近的一条路。

每个人，都能听见你的声音。
每个朋友，都听得懂你的话语。
但唯有知己，才能读懂你沉默的心。

——佚名

如何漂亮地收尾

每一段对话都有开始和结束，经过一番知心的交谈，离开心灵阁楼时，说不定你还会依依不舍呢！结束谈话前，你可以试着用"我们"取代"我"和"你"。比如从"希望下次你可以与人开心地讨价还价"，变成"希望下次我们都能与人开心地讨价还价"。这个代词的微调，有很重要的含义，因为这代表你们在聊天、说故事的过程中有了共识。现在的"你们"在同一个阁楼，同一个世界。

今天的你和别人有了一段很棒的对谈，最后请记得跟他说声"谢谢"，告诉他："我真的很高兴你跟我分享这些，因为你让我有机会认识了别人看不到的你。"除了感谢，你还可以记住这次聊天中最有意思的关键词或重点，把它变成你们下一次见面时，用来启动熟悉感的通关秘语。等你下次再碰到他时，提到上次聊天的关键词，对方八成会记得，而且一定会觉得很暖心！

用心交谈，用心聊天，用心搭起一个个鹰架，你去到哪里，都可以帮别人盖起故事屋。

打开心灵阁楼，然后把钥匙留给他们，让他们开心地在自己的阁楼里，期待你下次再来看他们。如果我们都能用这种态度与人交流，那我们的社交世界，就会美丽缤纷。

在网络这么方便的现代，沟通变得简易了，但也同时变得浅薄了。能走进他人心灵阁楼的机会越来越少。一般的聊天不像主持节目，不需要为好听、动听负责，但是一场深入心灵的交谈，真的能够改变心情与生活，甚至能改变自己。我们都应该多多去帮助他人盖出他们的故事屋，学习从别人的故事中发现更多的美，才不会把自己的小房子，看成大城堡。

我曾经读过莉尔·朗蒂（Leil Lowndes）写的这么一段话，印象极深：

> 世界上有两种人；
>
> 一种人走进你的生活，高喊着：嗨，我在这儿！
>
> 另一种人走进你的生活，温柔地说：啊，你在这儿！

聊天就像盖房子

每个人都爱听故事，每个人生也都是个动人的故事，
一个聊天高手就像建筑师，能帮每个人盖起自己的故事屋！

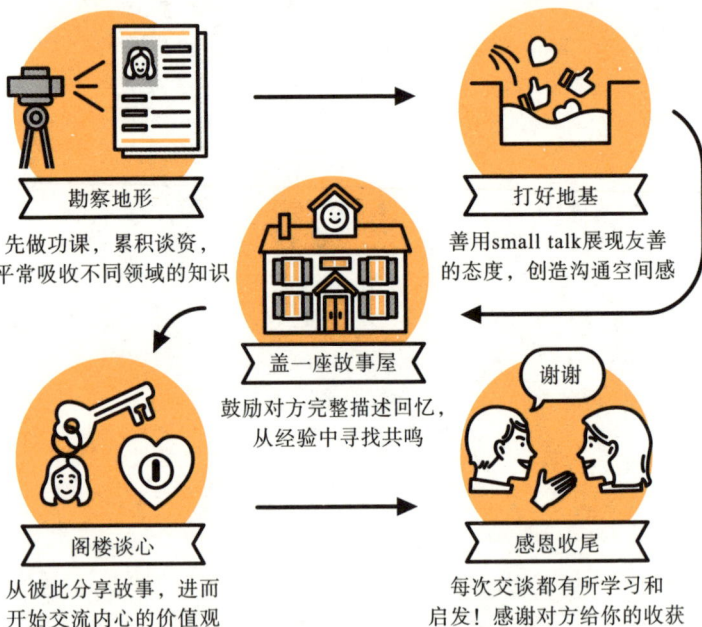

勘察地形

先做功课，累积谈资，
平常吸收不同领域的知识

打好地基

善用small talk展现友善
的态度，创造沟通空间感

盖一座故事屋

鼓励对方完整描述回忆，
从经验中寻找共鸣

阁楼谈心

从彼此分享故事，进而
开始交流内心的价值观

谢谢

感恩收尾

每次交谈都有所学习和
启发！感谢对方给你的收获

走进彼此的心灵阁楼，从故事和分享中学习人生的多元之美。

行动 4

让自己被爱看见，
增加桃花运

十几年前，美国有一群男生用心理学研发了一套相当厉害的"把妹术"。概念是这样的：在社交场合，男生会注意有优良生殖条件的女性（就是最漂亮、身材最好的），而女生会被气场最强的雄性领袖（alpha male）所吸引。这是男女之间的择偶本能，而巧用一些心理战术，男人能触发女性的潜意识雷达，让她们认定你就是那个值得交往的领袖，不自主地喜欢上你，甚至还会为了获得你的青睐彼此争风吃醋！

这些战术又是什么呢？举例来说：

• 穿着华丽夸张的服饰（就好比孔雀开屏一样展现自己，引人注意）

• 夸张的肢体动作，比如与朋友勾肩搭背、击掌欢呼（用肢体语言展现自己的威风）

• 跟女生聊天的时候，选择一个能让她们背对着门口的位置。这样每一位走进来的女生，会注意到有异性在跟你讲话，而且因为只看到她们的背面，会让别人觉得是那些女生来找你，而不是你找上她们的，因此提升你的"领导地位"。

• 见到特别漂亮的女生时，不要拍马屁，反而要调侃她的穿着或长相。因为美女太习惯被赞美了，所以你的调侃反而会留下更深的印象。她可能会不爽，但美女身边的村姑们会暗爽，因此抬高了你的领导地位。这时，美女会为了维持自尊，生出想要征服你的念头，也就是"倒追"……

这听起来实在心机太重了！但对于涉世未深的少女来说，还真有点作用。经过一番实战，这些自称 PUA（pick-up artist，把妹达人）的痴男便在网上抱团，相约去夜店猎艳。其中一位 PUA 元老尼尔·史特劳斯（Neil Strauss）把那几年的疯狂艳遇写成一本自传，叫《把妹达人》（*The Game: Penetrating the Secret Society of Pickup Artists*）。这本书登上了《纽约时报》畅销书排行榜，还被拍成电视节目和电影，全球宅男们对 PUA 社团更是趋之若鹜。

时隔多年，如今已婚的尼尔·史特劳斯又写了一本自传《把妹达人完结篇：搞定人生下半场》（*The Truth - An Uncomfortable Book About Relationships*）。他在书中坦承：那段当 PUA 的日子虽然精彩，却扭曲了他的价值观。当每个女人都成为猎物时，他就好比禽兽，每夜追求征服肉体的快感，但最后剩下的只有空虚。他厌恶自己，情绪陷到谷底，终于因为遇见了他的灵魂伴侣而学会什么叫真爱，重新学习尊重女性，这时才能够经营健康、平等的男女关系。

为什么我会跟你分享这个故事呢？

也许你看到"增加桃花运"这个标题，会觉得有耍心机的嫌疑，但我要跟你说：绝对不是！若真的有所谓的情场必胜绝招，那我也建议你甭学，一来那些技巧会让你显得很"油"；二来文化不同，在欧美行得通的，在亚洲未必受欢迎；三来，用心机战术，很可能会招来一堆烂桃花。

近年来的桃花村也有了很大的改变。现在只要下载 App 摇一摇，身边就不乏想交友、聊天、约会、约炮的对象。但就是因为现代情场桃花泛滥，遇到"正桃花"相对更难。

正桃花所谓正，就在于互相尊重和良性互动，即便成不了情人，也至少能成为知心好友。而烂桃花带来一时的刺激，当你得收烂摊子的时候，就会知道什么叫"桃花劫"了。

虽然网络蕴藏无穷想象力，远距离有时也能培养深刻的感情，但一段感情终究还是需要见面、接触和磨合，所以在这一章，我还是会把重点放在面对面的互动场面。我希望这些建议，能帮助你展现最好也最真诚的一面，让对方认识并喜欢真实的你，也希望你记得用自信、平等、包容的基础来结识新朋友，这才能确实增加"正桃花"的缘分。

一个诚实的人是不会单单爱而不敬的，因为，我们之所以爱一个人，是由于我们认为那个人具有我们所尊重的品质。

——卢梭《爱弥儿》

不能以貌取人吗？

虽然课文说"不能以貌取人"，但不论男女，在逛社交网站时，扪心自问，谁不是先看长相呢？根据统计，在交友网站上，别人传信息给你，九成取决于你的那张大头照，而不是照片下面的自我介绍。

以貌取人虽然肤浅，但它是本能。从进化心理学的角度来看，美的外表也等于健康的"优质基因"代表，例如对称的五官、肌肉线条、健壮的身体、有神的双眼、光亮的发肤，这些也构成了我们基本的审美条件。

美国最大的恋爱交友网站 OKCupid 曾经做过用户的大数据分析，研究什么样的大头照最受欢迎，有一些性别差异。例如拍照时，女生如果不看镜头会扣分，男生不看镜头却没有影响，反而可能加分；男生带宠物入镜会大幅加分，女生带宠物入镜扣分不多；女生照片背景后面有一张床，会大幅增加男性关注，而男生照片背景里有辆名车，则会大幅增加女性关注……这两者背后的暗示，可想而知！

男女通用的加分大头照有几个特点，供参考：

1.正在做一件有趣的事情的生活照，比如攀岩、烹饪、骑马、赛车……（向对方展现一个充满活力的自己，也可以吸引有共同兴趣的对象）；

不好

好

不好

好

2. 与几个好友一起勾肩搭背的合照（证明你的社交能力正常，而且笑容绝对自然）；

3. 与家人一起开心的合照（显示你有爱心又顾家，也显示你的家人是正常的）；

4. 全身照（道理很简单：让你的身材一览无遗！）

根据网站统计，符合以上几种特点的照片，更可能获得异性的关注和主动联络。当然啦，无论如何还是要以"真"为最高原则，不用刻意去找一群朋友在马场勾肩搭背，或一手抱着家人一手抱着宠物，还同时在攀岩……

关于如何打点自己，建立良好形象的行为，在心理学中被称为"印象管理"（impression management）。早在1946年，心理学家所罗门·阿希（Solomon Asch）的研究就提出，人会在社交中给彼此贴上"个性标签"，例如乐观、积极、叛逆、无趣等等。心理学家把这些标签分为两大类：一个是"社交友善"程度，也就是你给人的"温度"；另一个则反映你的智能表现，又称"能力值"。

有趣的是，一般人常把这两种特质视为互斥。我们经常会把待人和善的人，视为比较缺乏能力的人；而能力强，看似厉害的人，也很容易被视为难以相处。这样对人有点不太公平，但这或许就是我们内心的自动平衡机制吧！毕竟天下没有十全十美的人，人有长处也必有短处。

但这个有趣的互斥关系，其实也给了我们很大的机会，让我们趁机为自己逆势加分。如果你天生慈眉善目，个性憨厚，那你就知道一般人可能会觉得你能力不强。这时候若能展现机智，则会令人刮目相看。相对来说，如果你本来就伶牙俐嘴，看起来不好惹的话，若能展现出温柔和善的一面，也会给人留下特别好的印象。

如果你本性和善温暖，那别忘了展现一点机智，为自己锦上添花。

如果你样貌强悍厉害，请适时散发出一些温柔，替自己敞开大门。

善用感知焦点效应

印象管理提醒我们除了要展现自己的全面性，同时也要展现自己的独特性。

人与人之间，难免都会做比较。两个人若条件差距很大，选择不难。但当两个人条件差不多，或各有千秋时，我们就会试图从各种细节来进行比较。问题是，我们越用理性分析，就越会三心二意，想得越久只会想得越多，想得越多就越难决定，最后搞不好两手一摊：太烦了，两个都不要啦！

这种状况俗称"分析瘫痪"（analysis paralysis），而这种心理矛盾则被称为"选择的悖论"（the paradox of choice）：人都喜欢有很多的选择，但选择太多又会陷入胶着。择偶也一样。哪个女孩不会幻想自己被一群帅哥奉为女神？但如果这些帅哥全都同时向她示爱，她可能会逃去闺密家躲起来，因为……实在太难选了！

请记住：你在寻找对象的时候，对方也正在找寻你。但是在满天下的芳草中，你又要如何成为那脱颖而出的一枝花呢？让我们参考美国西北大学的一个研究：①

研究中，消费者必须从家具目录上的两款沙发床之间，选出自己比较喜欢的一款。一款被形容为软而舒服，但不耐用；另一款稍微硬一点，但很耐用。当选择只有这两款沙发时，58% 的人偏好耐用的硬沙发床，而 42% 的人选择了那

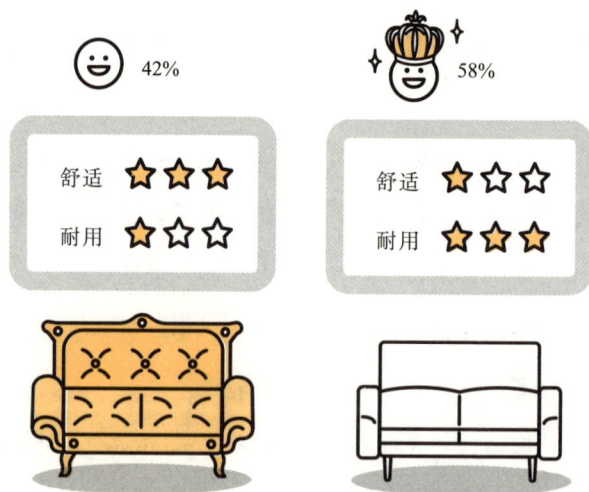

---

① Ryan Hamilton, Jiewen Hong, Alexander Chernev（2007）. "Perceptual Focus Effects in Choice." *Journal of Consumer Research* 34（2）：187-199.

款软沙发床。

接下来，研究团队加入了另外两款沙发床，这两款属性上都比较接近那个 58% 的人喜欢的"耐用款"。耐用的硬沙发选择变多了，而柔软且不耐用的沙发，还是只有一款。

这回，那原本只有 42% 的人选择的柔软沙发，竟然获得了 77% 的支持率，不只反败为胜，而且是压倒性的！

为什么会这样呢？虽然一开始软沙发和硬沙发各有优缺点，但当类似的选择变多的时候，人们反而更容易注意到柔软沙发与众不同，因为人会放大自己注意的事物，加深了印象，也就很可能会转为喜欢。心理学家称这个现象为"感知焦点效应"（perceptual focus effect）。

同样地，当别人发现你的与众不同时，也会留下较深的印象，进而增加你获得好感的可能。你可以试着这样解读这个结论：如果你身边的朋友都是模特儿，而你只有凡人的身高和外表，就不要跟他们争奇斗艳，而是去展现与他们不同的特点。如果你今天参加一场土豪的聚会，但自己只是个小康，那也不用打肿脸充胖子，更是要展现自己的"非物质特性"。也许你特别懂文史？特别爱阅读？特别会烹饪？人总是有格格不入的时候，但不要因为这样就怯场。你应该告诉自己：正是因为与别人不同，才更有机会被注意。只要能自在一点，你的魅力也会自然散发。

平常的你，更应该去学着接受自己的不同。也许你会在意自己的小雀斑、肤色比别人黑，但正是因为你很爱运动，这些反而是你的特色。当你也能真心喜欢、接受这样的自己时，也就能吸引到会欣赏这种特性的对象。懂得欣赏你的人，才是属于你的正桃花。

如果你真的找不到自己的特别之处呢？也不用太担心，你需要的，只是比在场的其他人多出一点点的热情和温暖。当你给人比较热情、正面的感受时，别人的注意力就会聚焦在这些特点上。即便你不是气质出众、光芒四射，最起码也会留下好印象。

对于这点，我绝对深有体悟！让我和你分享一个亲身经历。

十几年前，刚搬回台湾没多久时，我受一群外国朋友邀约，去他们主办的万圣节派对当 DJ。他们特地提醒我：每一个参加的人都要认真变装，而且要自己做造型，不能跑去租个道具服打发过去！

当天我戴了一顶爆炸头假发，还特地找到一件小学生穿的运动服，戴上一副书呆子黑框眼镜。嘿！我变装成了小时候的自己。当晚果然所有宾客都精心装扮，气氛很嗨。我在 DJ 台上放着歌，台下群魔乱舞，这时我忽然注意到一个女孩子，穿着毛衣和牛仔裤，在旁边自己随着音乐跳舞。因为她是全场唯一没变装的，实在是太明显了（加上她也确实蛮亮眼的），我做了件平常不会做的事：主动跟她搭讪。

"嘿！"我问她，"你这样穿，不热吗？"

"热啊！"她说，"但我里面就只有内衣啊！"

她的直率大方，反而让我脸红了！她是个很健谈、很聪明的女孩，而且跟当时的我一样，都在广告公司上班。聊天中也知道了，她本来并没有计划要来这个派对，只不过被一个需要英文翻译的朋友抓来现场，虽是意外，但既来之，则安之。她听着音乐，也能自己享受地跳起舞来。后来我回去继续放歌，直到派对结束，整理唱片准备离开时，看到这女孩在一旁休息，突然一个冲动，我过去跟她要了电话号码。

这个女孩呢，现在就是我的老婆，我两个孩子的妈！

正是因为她在一场万圣节变装派对上，既不奇装异服，表现还那么自在，于是她的"格格不入"让我注意到她，但却是她的自在和大方，吸引了我。

情场的获胜诀窍，也是异曲同工。告诉自己：格格不入，也别担心。

出糗，也是出众的机会！

制胜开场白

相信很多朋友都看过《爱在黎明破晓时》（*Before Sunrise*）这部经典浪漫爱情电影。男女主角在火车上隔着过道见到彼此，一对正在用德文吵架的夫妻走过，于是男主角跟女主角说的第一句话就是："你听得懂他们在吵什么吗？"

整部电影就从这里开始，还延伸出两部续集。

但在现实生活中，大部分的男女可能只会互看一眼，顶多笑一笑，十之八九不会进一步互动，然后车子到站，这段缘分也就结束在那儿。

认识任何人，首要就是互动，但互动难在开头，到底该说什么才好？

根据社会心理学相关研究（是的，还真有这方面的学术报告），搭讪大致可分为三种风格。①

第一种：调情可爱（flippant）开场白。例如：

请问，我死掉了吗？不然为什么我会见到天使？

嗨！请问刚刚有地震吗？还是你震动了我的心？

小姐，请问我可以拍一张你的相片吗？这样我才知道我生日想要什么礼物。

第二种：直截了当（direct）开场白。例如：

我想了很久，还是决定鼓起勇气来认识你。

请问你叫什么名字？我可以认识你吗？

或者最常听到的：我可以跟你交个朋友吗？

第三种：无伤大雅（innocuous）开场白。例如：

嘿，你觉得现在这首歌（或这个乐团）怎么样？

你看起来很面熟，我们是不是读过同一所学校？

今天天气还不错哦？

---

① Senko C, Fyffe V. "An evolutionary perspective on effective vs. ineffective pick-up lines." *Journal of Social Psychology*. 2010 Nov-Dec;150（6）:648-67.

　　"调情可爱"的开场白，我想绝大部分人大概都讲不出口吧！这种开场白很难讲得顺，搞笑的成分比较多。第二种"直截了当"的开场白似乎不错，但也需要一些勇气。而最适合内向人的"无伤大雅"的开场白，似乎也有点牵强。到底哪一种效果最好呢？

　　统计显示，直截了当的开场白是最可能被对方接受的，无伤大雅类其次。调情可爱的开场白最容易碰壁，但碰对了人，效果最强。其实，每一种开场白都有它的条件，若你选择直截了当，请记得要配上自信不退缩的对视，充分让对方感受到你的诚意。选择从无伤大雅入手，最好要能让话题延续，不要一时没得到回应就逃跑。那么调情可爱的制胜关键呢？老实说，男生最好自信破表，再加上长得帅吧！但也有研究显示，这类开场白用在某些场合（例如夜店、酒吧），也比较能吸引那些寻找短期恋情的对象。

　　以上的研究，都是针对男生对女生的开场白。至于女生，研究发现：只要你敢开口，男生通常都会回应的！

　　如果你不擅长开口，让我给你两个建议：当你看上一个人时，可以先从他身上的衣服或饰品来找话题。比如说你看到一个人戴着纽约尼克斯队的帽子，就可以试着问他："你也是尼克斯队的球迷吗？你觉得林书豪如果待在尼克斯队会有什么发展？"又或者，假设你认出对方穿的是某限量款球鞋，你可以问他："哇，这双鞋让你排队等了多久？能买到实在太厉害了！"将对方身上的某一个特征，和自己的体验、知识联结，会更好上手。

最后，让我分享一个研究成果。经过统计分析，伦敦大学的研究者们找到了成功率最高的开场白。你知道是什么吗？准备好了吗？这句话就是：

Hello, how are you?（你好。）

对的，就是这么简单！但一点也不意外，因为重点不是你说什么，而是你说得是否自在。由此可知，只要你真诚、带着微

笑，真心想认识对方，人家感受到你的友善，最起码也会礼貌地
回应。如果他没有回应，那问题在他，不在你！今天没认识你，
是他的损失！

埋下意犹未尽的伏笔

美国斯坦福大学曾经分析了将近一千对男女在约会时的谈
话，以及约会后对彼此的好感度，发现只要 4 分钟，就足以让双
方产生好感。[①]

什么样的语言能够最快速建立好感呢？

第一种，是能表现出欣赏或感谢的语言：

> 哇，你真的很厉害！
>
> 恭喜！我真为你高兴！
>
> 下次有空可以请你教我几招烹饪的技巧吗？

第二种，则是富有同理心的语言：

> 你的猫去世，今天一定很不好过，让我给你买杯咖
> 啡吧。

[①] McFarland, Daniel A., Jurafsky, Dan & Rawlings, Craig, (2013). "Making the Connection: Social Bonding in Courtship Situations" *American Journal of Sociology*, 118（6）：1596-1649.

要照顾家人，还要忙工作，实在很容易让你忘记自己的快乐吧！

而研究也发现，"打断彼此"的对话，竟然也能制造意想不到的好感！但这是一种特殊的打断，必须是出自你太感同身受，想直接帮对方说完他原本正要说的话，所以情不自禁地打断对方。这时，如果刚好说中了对方内心的话，是能立即打开心房的！

还记得《冰雪奇缘》（Frozen）这部史上最卖座的动画片吗？当安娜公主对汉斯王子一见钟情的时候，他们合唱了一首歌，叫《爱是一扇相互敞开的门》，歌词中就有这么一段，两个人一直打断彼此，而这一小段对唱，也在短短两分钟内，让观众立刻体会到他们之间的感情升温：

汉斯：我陷入了疯狂

安娜：什么？

汉斯：想要为你打开……

安娜：我的心房

汉斯：我正打算这么说！

安娜：我从来没遇过一个人

两人同唱：想法和我如此相似

一样！又一样！

> 我们百分之百的同步
>
> 只有一种解释
>
> 汉斯：你
>
> 安娜：和我
>
> 汉斯：就
>
> 安娜：是
>
> 两人同唱：命中注定！

设想，如果你遇见一个人，刚聊没多久就能帮你说出心里要说的下一句话，深深了解你的内心，你能不爱上他吗？

这种近乎"读心术"的契合度，不是不可能办到！通过"积极聆听"（active listening）的技巧，在高度同理心的状态下，两个人的确很容易帮彼此说出心里话。

> 友情的开始，就是靠这么一句：
>
> 什么！你也跟我一样？我以为我是唯一的怪胎！
>
> ——C. S. 刘易斯（C. S. Lewis）

假设今天你们两人第一次见面，相谈甚欢，但只有几分钟的交谈时间。你也可以埋一个"梗"，为下次的聊天留下有趣的伏笔。

我有个朋友，在一个有很多外国人的聚会上认识了一个男生。那天，他们刚好在谈旅游，我朋友就说："你有没有发现，德国人特别喜欢穿白袜配上勃肯拖鞋？"他们还特地在现场找了个德国人，证实了确实有这回事。

后来他们再碰面时，我朋友便说："这么巧！我最近路过勃肯鞋的店面，还刚好想到你呢！"男生马上回她："对啊！我今天就看到了三个德国人！"

这就成了他们的共同语言，一个"私地笑话"（inside joke），立刻拉近距离。所以，试着留下一个未完的话题，制造一个下次见面才能再验证的事情，像是电视剧的结局、大选或球赛的结果，把这些事情变成只有你们知道的密语，当你们两人下次再见面时，就可以利用这个关键词，让交谈从上次连到这次。

让人坠入爱河的 36 个问题

心理学家亚瑟·艾伦（Arthur Aron）于 1997 年在《人格与社会心理学学报》上发表了一篇研究论文，根据特别设计的 36 个问题，建立了一个互相交流的脉络。据说只要两人按照这 36 个问题聊完后，再凝视彼此的眼睛三分钟，立刻就会不可自拔地爱上彼此。

真的有这么神奇吗？有不少人试过，网络上还有纪录片，而且我身边有好几对朋友竟然都好奇试过，据说的确后来就在一起了！这到底是什么魔法，什么原理？

让我们一起看看这 36 个问题的其中几个:

第 1 题: 如果有机会选择的话, 你希望邀请谁来共进晚餐?

第 2 题: 你想成名吗? 如果想的话, 用哪种方式成名?

第 12 题: 假使明天起床后, 你能获得一种超能力, 你希望是什么?

第 30 题: 你上次在别人面前哭是什么时候? 自己一个人哭又是什么时候?

这些问题的特点就是:

1. 它们都是"开放式"的问题, 不是要简单回答是或否, 而是要给一个较完整的答案。

2. 一开始的问题比较抽象、带有趣味, 越后面就越深入, 越问越进入内心。

3. 当两人问到最深层的问题时, 已经循序渐进和对方分享了许多内心话和价值观, 到最后几乎要掏心掏肺, 把最脆弱私人的一面都与对方分享。这时候, 你想不跟对方谈恋爱也难, 因为这根本就是谈恋爱的交心过程, 浓缩在这 36 个问题中!

这份研究, 进一步区分了什么是常规谈话, 什么是富有意义的"真实自我揭露"(self-disclosure)。心理学家认为好的自我揭露, 首先需要把自己当作有意义的个体, 然后真实地分享那些我们深觉重要，或只愿透露给亲密对象的事情。通过这类有意义的谈话，层层揭露自己，双方会变得更加亲密。

这些问题运用了趣味的技巧，谈到深入的自我，而我们也能用同样的逻辑来设计自己的聊天。举例来说，你不会问一个刚认识的朋友："对你来说，生命中最重要的是什么？"但你或许可以这么问："如果你知道这个星期六有块大陨石要撞上地球，我们都会跟恐龙一样被毁灭，那你接下来几天最想做的是什么？"

谈恋爱的过程，就是认识并爱上一个人的内心。一个懂得运用这个技巧，问趣味问题的人，会让聊天变得很有趣，但又特别深刻。这需要一点锻炼，一般人不太可能有机会一次问完 36 个问题，但你或许可以参考这个清单，挑一些自己特别喜欢的，下次跟人闲聊的时候，就不怕冷场了。

享受同一个节奏

许多研究显示，当人们一起完成一件事时，好感度会提升，例如一起爬山，到达山头的感觉很棒，若报名烹饪课，一起完成一道很好吃的料理，也是双赢。一起完成一个很困难又费时的报告后，可能也就沿途开始打情骂俏了（同学之间常发生的事啊）。

不过，在这里我也必须提醒：别邀人去做一件事，只是为了展现自己的厉害！很多人都会搞错这一点，想要通过约会活动展现自己的能力，但约会的重点应该是开心地相处和交心地互动。
不要急着展现优越，而是要通过合作制造默契。

心理学研究也意外发现了另一个奇妙现象：一起做同一个动
作（moving together），竟然也能让好感加分！德国就曾做过一
个研究，让一群彼此不认识的四岁小朋友，随着音乐一起唱歌跳
舞。之后在一个需要相互合作的游戏上，学者发现：一起跳舞的
小孩，会更愿意帮助新认识的朋友。相较于没有一起跳舞，只是
一起玩耍的小孩，合作意愿高出三倍之多！①

大人和孩子也一样。一起跳舞，一起散步，一起在球赛上
嘶吼为球队加油……当两人的肢体动作能够一致配合时，也会莫
名其妙地对彼此有好感，核心就在于这种感官动作上的"同步"。
这需要我们适度放下自己的坚持，认真观察彼此的动作，把合作
放在优先位。就跟谈恋爱一样，唯有在真正考虑到彼此的需求
时，才能够获得真正的平衡感和幸福。想想看，如果有人愿意自
动自发地满足你的需求，你是否会对他充满好感，对相处充满期
待呢？这也正是我们收获桃花的重要机制。

所以，你可以寻找与对方合作的机会，创造共同的节奏，一
起去健身房，去演唱会挥舞荧光棒，或一起遛狗，一起慢跑，在
同步的节奏中，让心跳撞出更多火花。

---

① Kirchner, S, and M. Tomasello. 2010. "Joint Music Making Promotes Prosocial
Behavior in 4-Year-Old Children." *Evolution and Human Behavior* 31:354-64.

有关缘分这件事

最后，我们来讨论一下"缘分"。

在华人社会中，我们常说两人认识是因为有缘分，认识后也总是会想，到底跟对方有没有"那种缘分"啊？当人认定彼此有缘，对彼此关系的期待和容忍度都会比较高，而相对来说，当人认定"没缘分"时，基本上也等于内心已经告吹。有没有缘分这回事，显然是我们用来说服自己是否该投入力气经营关系的核心考虑。

许多针对华人的心理学研究都发现，东方文化经常用"缘分"这个字眼，来描述彼此的关系是否有发展的可能，甚至多数人会把它当成维系关系的基础。有趣的是，有没有缘这件事情，不一定取决于当下聊不聊得来，反而跟那些我们平常没注意到的，或许是共同的体验、兴趣、喜好、背景等更相关！偶然得知，会让我们内心不禁发出"好巧"的惊叹，这种巧合的感觉也很容易被自己解读为缘分。

回顾前面的步骤：一个好的开场，再加上持续有意义的分享，不就是我们努力想要让对方觉得"我们俩好有缘分"的过程吗？因为彼此的同步，也代表着关系达到契合的状态。而寻找并加深共同点，也能形成命中注定的感觉。学者也发现，我们会根据第一次见面的第一印象来判断是否与对方有缘分。这不一定跟长相或个性有关，我们有机会通过产生共鸣来获得有缘的感觉。反之，当对方与你总是说话搭不上线，各讲各的，自然也会把这种感觉总结成"没有缘分"。一旦被划入"绝缘之地"，也就很难成为对方心中的桃花了！

有些人看似条件匹配，但与他们相处总是会让你觉得紧张，讲什么都必须硬找话题，在他身边有一种无法做自己的压迫感。或许你还是会花许多时间尝试与这样的人交流，但费了一番力气之后，你必须反问自己：是否有些缘分无法强求？想找到跟你真的合拍的人，不如把宝贵的时间挪出来寻找真正能欣赏你、了解你的有缘人。

你可以先观察看看，身边的缘分都发生在哪里。那些你觉得特别有缘的人，与你的互动模式有哪些特点？或许不难发现，当你觉得特别有缘的时候，一定是你觉得跟他有一种说不出的默契，或句句投机、有同步感，这样的特点也是我这一章里想要传达的。

别忘了，虽然"缘分"这两个字很容易被解读为命中注定，但许多部分仍取决于你自己的心意和付出。能不能遇见正桃花或许靠命运安排，但是否能让人感觉和你有缘，判断对方与你是否能够心灵契合，这个选择权，至少有一半在你自己的手里。当你有了好的认知，有了好的心态，展现自己的温暖和自在，正桃花也必然会跟随而来！

不要坐等爱情的到来，因为你将等待一生。

——美国谚语

正桃花不是等来的

每个擦肩而过的人都是缘分。从众人中让自己被注意，
让自己的特点被欣赏，并快速交心，才较可能找到值得交往的好对象！

吸引人的大头照

男：进行有趣的活动+带宠物
女：甜美笑容好气色+跟家人

让自己脱颖而出

避免被同化！善用
"感知焦点效应"
强调自己与众不同的特点

简单真诚的介绍

哈罗，
你好吗？

统计显示，越简单的开场越好
注意对方的衣物配件，
寻找共同话题

步调一致动起来

一起完成一件事能够增加默契
若能两人同步行动，好感更加分！

剥洋葱式的对话

通过充满趣味的问题和故事的分享
一层层深入了解彼此的价值观

行动 5

认清爱情三要素，
重塑情场价值观

讲到谈恋爱，我爸妈真是前卫，他们彼此结过两次婚，中间只隔了八个月。

第一次，我老爸一大早冲进教室问同学："谁带私章了？"

有两个人举手。

"走！"老爸拉着他们往外跑，"去法院，帮我和我女朋友盖章，下午公证结婚！"

于是，老爸班上的同学一齐把画架推倒（那是台师大美术系三年级的素描课），发出地震般的巨响，替代庆祝的鞭炮。几位女同学到校园里偷花，扎成一把，当作新娘捧花。老爸在法院门口，拦住一个背照相机的路人，听说里面还剩两张底片，于是以法院做背景，拍了珍贵的结婚照。然后，他们在龙泉街请同学吃牛肉面，成为真正的"喜宴"。

结婚的消息一传开，许多亲友都跳了起来！循众要求，我爸妈才不得不再公开办一次喜宴，演出第二场婚礼。据说场面相当热闹，席开数十桌，由诗坛元老证婚，还有朗诵队的献诗。

我妈笑说，真有幸，她第二次比第一次嫁得好。

我爸则说："第一次才算数，因为是自己决定的！"

我爸妈真可说是走在时代的前端，还真大胆！

但我也不遑多让，因为我和我太太连婚礼都没办。

我在法国向她求婚不久之后，老婆就怀孕了。连忙赶着计划婚礼，一度把自己搞得很焦虑。一念之下，我们干脆鼓起勇气问长辈："婚礼一定要办吗？"没想到双方父母亲竟然都说："我们不需要花钱摆场面，你们快乐就好！"

于是，我们就说好了：专心准备迎接新生命，结婚十周年再办庆祝派对，到时候让自己的小孩当花童！

感谢岳父岳母、老爸老妈，让晚辈能以选择自己的幸福为优先！也感谢宽心大方又前卫的老婆，我们一定会把十周年派对办得十分精彩（并且拍一套美美的婚纱照）！

规矩会变，爱不会变

约会吃饭看电影、情人节送玫瑰花、单膝求婚献钻戒、新婚之夜闹洞房……停下来想想，不免好奇：这都是哪来的规矩呢？

每个习俗都有典故，但随着时代，习俗会变，传统会变，连法规也会变，唯有一件事不会变：每个人都需要"爱"，也需要"被爱"。

这几十年来的信息革命、城市化、中产阶层兴衰、性别平权等等，都影响了我们的社会、人与人相处的方式，以及感情世界的游戏规则。有时候我们发现自己夹在不同世代、不同文化的价值系统间，难免会感到冲突，很难确定什么才是对的。即便听取自己的内心，也往往充满了杂音。

在这一章，我选择了三个现代社会的现象，以及对现代情侣产生较大影响的问题：行动网络与个人隐私的问题，选择对象多对于专情的挑战，以及现代男女金钱观的改变。谈恋爱不难，但也很难。它不应该那么严肃，同时又很严肃。正因为许多人觉得爱情不合逻辑又难以捉摸，所以我们更是要理性看待，才能认识自己和我们的对象，在这个矛盾的时代过得更自在。

> 价值观就像指纹一样，每个人的都不同，
> 而我们做的每一件事都会留下它们的痕迹。
>
> ——猫王

盖上潘多拉的盒子

根据国际电信联盟的数据，全球至今大约有 47% 的人能连上网，相当于 35 亿人。这表示在当下，全球有 35 亿人能通过各种有线和无线设备联系到彼此。虽然世界还有一半的人无法上网，但回头一看：在 1995 年，网络人口只占世界人口的 1% 而已！网络的普及化是现代社会最大的变化之一。

网络改变了我们寻找伴侣的方法。以前，情侣们多半是通过朋友介绍而认识的，但在这个年头，越来越多人是通过网络寻找

恋爱对象，而在同性恋之间，这个比例已经高达七成。根据《现代罗曼史》（Modern Romance）这本书的调查，跟上一代相比，现代人对恋爱对象的搜寻既广又深。在线约会产业的兴起，让人同时能认识许多对象，但现代人更积极寻找"灵魂伴侣"，可能也是因为机会变多了，让我们更有找到真命天子的希望。

科技生活也改变了情侣之间的互动。我们从写情书到打电话、从打电话到发短信、再从发短信到实时视频通话，最大的不同就是"速度"。今天你问另一半心情如何，哪怕隔着半个地球，也希望立刻得到他的回应。这种实时性不免会造成一种隐形压力，往往让人来不及三思，也可能会措手不及。

我们每天接收的信息量暴增，传出的信息量也暴增，其中难免会有露馅的时候。我有个朋友，之前一直声称早已跟前女友分手了，不久前他在日本发了一张富士山的照片。偏偏他的前女友当天也发了一张富士山的照片，一看就是从同一个角度拍的。两人之间的共同朋友，就马上知道他们两人一起偷偷去旅行了。

还有个老同事前一阵子带猫看病，在诊所认识了兽医，很欣赏他的专业，就互加了 LINE（一款通信软件）。某天，他看到兽医上传自己准备结婚的照片，一看才发现自己认识那位新娘。只不过……那新娘在他的社交圈里，却一直宣称自己是单身，还跟好几个男生搞暧昧！

就像没有不透风的墙，网络世界很难有真正的隐私，凡走过必留下痕迹。网络世界的个人隐私，也就成了不少情侣的争执点。

我自己就在我的个人网站上做过一个非正式的调查，纯粹出于好奇！想来了解一下每个人对感情中的"隐私权"有什么想法。我发出了两组问题，关于"该不该看对方的手机"这个问题，结果显示：有 36% 的人认为应该，64% 的人觉得不应该。而换成问"那你愿不愿意给人看自己的手机"时，有 69% 的人认为可以，31% 的人却不太乐意。

我相信，每个人对这个题目，都会有很强烈的个人立场。

"当然要看啦！如果他不给我看，我要怎么信任他？"

"当然不能看！这是我的隐私权，凭什么他说看就要给他看？"

在一边，我们有"隐私权"的维护，而另一边，我们有"信任感"的考虑，到底哪个比较重要呢？

去年，韩国三星在英国做了一项调查：2000 位受访者之中，56% 认为分享账号密码，是一种真爱的表现。其中三分之一的人已经拥有对方的手机密码。54% 的人也表示，如果对方不愿意给他们密码，会令他们起疑。

同一个调查也发现：10 个人里，就有 4 人平常会偷看另一半的手机。而这一群人里，竟然十个有六个曾经发现对方出轨的迹象！这比例高到非常惊人！

　　不过，这一份调查并没有明确定义什么叫"出轨的迹象"。一张彼此靠得太近的自拍？看似甜蜜的问候？半夜发来的信息？当然，我不是在为人狡辩，许多人会说："是不是出轨，自己心里有数！"但当你用法官问案的态度，跟当事人对质的时候，无论你是假设他无罪，还是假设他已经犯罪，起码有一点是确定的：当你找到可疑的信息时，已经破坏了恋爱中的信任感。如果你是偷看他手机发现的，那更是同时破坏了他对你的信任感。

　　确认偏见（confirmation bias）是人类最根深蒂固的偏见之一。在确认偏见下，我们会更注意那些符合我们预设立场的信息，也会自动忽略不符合预设立场的信息。换句话来说，如果你已经怀着疑心来调阅对方手机的话，那几乎可以保证你会发现一些"可疑的迹象"。

互联网时代的信息特点，就是多元、大量又片面。往往只凭一张图、一段对话，是无法代表整件事的。有位日本网红就曾经借用道具，玩一些视角和错位，拍出"一个人的约会"系列的爆笑照片，乍看之下活像是两人在甜蜜交往，但其实是自己喂自己吃东西。他的作品是一种对"数码存在感"的反讽，但也带出一个观念：事实不一定眼见为凭。

说了这么多，其实我只是想告诉你，无论两人是多么坦坦荡荡，对彼此毫无隐藏，但只要你偷看对方的手机，那保证只会带来失望！

此话何解？

因为，当发现可疑的东西，你会对对方彻底失望。而如果你没有找到可疑的东西，还是会对自己失望。"我是不是找得不够仔细？""我是不是不该找？""我为什么要想那么多？"这些结果，无论对你，对他，或对你们两人，总会带来负面的感觉。

三星的那项调查也发现：偷看对方手机的人里，有三分之一都发现过对方正在准备的浪漫惊喜。于是，你不仅得假装没看到，自己还内心愧疚，对方要是发现你偷看，那就扫兴了，伤害更大。总而言之，当你选择去偷看对方手机的时候，你会因此觉得更快乐的机会，微乎其微。那么又为什么要去做一件摆明让自己不开心的事呢？

我知道，一朝被蛇咬，十年怕井绳。也许你会忍不住想看对方的手机，因为你曾经经历过背叛和出轨，内心缺乏安全感。但我在这里要告诉你一件事，听了可能会有点不舒服，但却是实话：安全感，是你自己内心的问题。

自己的问题，不能要求别人来解决。

让我再跟你分享一个研究，或许能够更加说服你：根据一份很严谨的，长达五年的追踪调查，越是在婚姻中对安全感有焦虑的夫妻，越容易产生出轨的行为。学者的结论是："这种焦虑状态对两人之间的亲密感所构成的威胁，足以增加双方寻求其他对象的可能性。"[1]

而美国的《沟通期刊》也发表了一个研究：如果情侣之间不插手对方跟谁联络、跟谁聊天，彼此对感情的满意度，会比那些对彼此有控制和规定的情侣来得高。[2]

所以如果你问我关于看对方手机的问题，我的建议是这么

---

[1]　Russell, V. M., Baker, L. R., & McNulty, J. K.（2013）."Attachment insecurity and infidelity in marriage: Do studies of dating relationships really inform us about marriage?" *Journal of Family Psychology*, 27, 242-251.

[2]　Miller-Ott, A. E., Kelly, L., & Duran, R. L.（2012）."The effects of cell phone usage rules on satisfaction in romantic relationships." *Communication Quarterly* 60（1）, 17-34.

回答："为了让你信任我，我愿意给你看。但我还是必须跟你说，你可以看，但你不应该看。"

即使对方让你看他的手机，我建议你也最好不要打开这个潘多拉的盒子，因为这个盒子里，没有让你能够快乐的东西。打开它，反而很可能引起一连串无法收拾的后果。

如果你缺乏安全感，不能不看的话，那么我建议你找个机会，与另一半坐下来好好沟通。但你们讨论的话题不是手机密码，而是你们该如何建立安全感。坦白地和对方说："我很想看你的手机，我尽量克制自己，没有去看，但我心里很不舒服，我们应该怎么办？"先坦承你自己在安全感上的弱点，不要把自己的弱点变成攻击对方的武器。

安全感，终究是主观的感觉，而感觉有很多方法可以培养。真正的问题不是手机，而是你心中对于感情的信任度。

信任，绝对是现代世界中，我们内心最渴望的事情，随着人与人之间建立关系越来越容易，信任也变得更加重要。在心理学中，信任被分为"认知"的信任与"情感"的信任。认知上的信任是指：我们相信对方可以协助我们得到想要的结果，所以认知信任讲求的，是可以依附对方，获得自己渴望的心理状态。但情感上的信任却不同，情感信任建立在交往与彼此吸引的基础上，情感上的信任更能反映感情中"一体"的感受，也就是相信对方可以给我温暖或情绪上的满足。回头想想，在这个时代里想掌控对方行踪、隐私，或许更容易了，我们可以用软件来追踪一个人整天的状态，但这些真的能帮我们加深情感上的信任吗？还是反而让对方抗拒，扣分，为感情带来反效果？

请先自问：你对爱情的想象是什么呢？你是重视爱情中的热情、承诺还是亲密感呢？不论你重视的方面是什么，都不难发现，信任感的维系，是获得这三种成分的根源。人会因为信任而更愿意接近对方，获得亲密感，也会因为信任对方，在内心得到足以维系承诺的安全感。当然，更会因为信任，让我们与对方的相处，充满快乐与满足，这也就足以维系爱情中的热度。

为了获得更快乐与自由的恋爱，你必须要信任对方，信任自己。改变的第一步，就请关上那个潘多拉的盒子吧！

最适合与你谈恋爱问题的人，是正在和你谈恋爱的人。

——网络名言

保持爱情的新鲜度

有个人走在沙滩上，想找一个最漂亮的贝壳带回去收藏。他想，满沙滩都是贝壳，这应该很简单。但是找着找着，因为漂亮的贝壳实在太多了，直到天色黑了，自己累了，都没办法做决定。最后，那个人只好失望地空手回家。

我们，都仿佛生活在这样一片沙滩上。

人们纷纷离开乡村，涌入城市，这是全球各地都在发生的趋势。以上海市来说好了，60 年前人口 620 万，50 年前涨到 1080 万，十多年前 1640 万，到了 2016 年，已经有接近 2500 万人住在这座超级城市里。

弱水三千，该怎么找到自己想要的那一瓢呢？现代人都有难以抉择的时候，当有太多选择和自由时，反而变成了一种压力。尤其在找寻伴侣、谈恋爱这方面，我经常看到许多人做不出选择，或不敢做选择，将自己搞得非常苦恼。就像是那个在沙滩上白白浪费一整天的人，选择太多反而得了"选择恐惧症"（decidophobia）。有选择恐惧的人不敢做出选择，不敢承担选择的后果，往往最后都把选择权交到别人的手上。

从前的时代，人们是嫁鸡随鸡。到了现代，却变成了骑驴找马。看看身边的朋友、亲人，想想自己，总让我不禁好奇：

现代人真的比较难定下来吗？

诱惑这么多，是否更难专情？

以前的社会，人们都在一个小村落里，张三李四大家都认识。圈子小，朋友少，人人都很在乎名声，但在那种环境下，还是有人冒险偷情。到了现代，城市的人口越来越多，社会风气似乎也越来越开放。加上现在有越来越多地方、场合，能让男女近距离地认识接触，的确，这就增加了许多暧昧空间。

这种剧情，天天在上演。

两人在一起久了，生活平淡、安稳、无趣，某一天，"她"遇见了"他"。

"他"，激起了她心中的火花。

"他"，让她的心跳回到了青春的速度。

"他"，让她那迷失已久的小鹿又开始乱撞。

"她"跟"他"跟"他"，到底该怎么选择、怎么自处呢?!

"爱情有保鲜期"，这句话倒还真有道理。在心理学中就有个概念叫"快乐适应现象"（hedonic adaptation）。什么是快乐适应

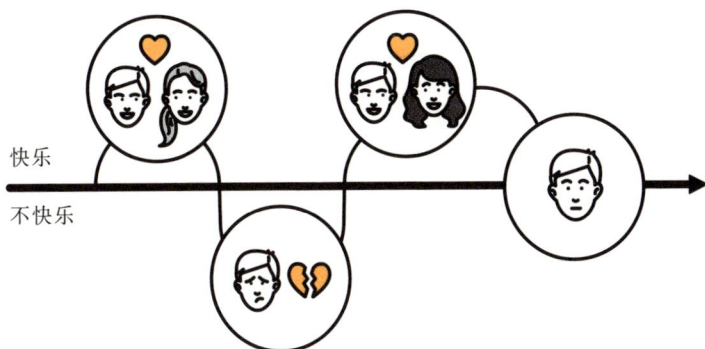

现象呢？假设 X 代表时间，Y 代表快乐指数，当好事发生时，快乐指数就会飙升，但过了一段时间，还是会回到原来的水平。相对来说，当坏事发生时，快乐指数会直线下降，但过了一段时间后，也终究会接近原来的水平。

你可能觉得我举的例子很极端，但在 1978 年有个经典的心理学研究[①]，就追踪了两组人：一组是彩票得奖者，一组是意外终身瘫痪者。研究发现，虽然在短时间里他们两组分别都产生了很大的情绪改变，但过了一段时间，再进行调查，这两种人的快乐指数和对生活的满意度，竟然跟"一般人"几乎没有差别！而这段"快乐适应"的时间，只有一年多而已！

---

① Brickman, Philip; Coates, Dan; Janoff-Bulman, Ronnie（1978）. "Lottery winners and accident victims: Is happiness relative?" *Journal of Personality and Social Psychology*, Vol 36（8）, Aug 1978, 917-927.

所以"时间会疗愈一切"（time heals all wounds）这句老话，也是真的！某一天你失恋时，会觉得世界都要毁灭了。但只要你熬过一段时间，自然也会走出来。相对地，每一次你在热恋时，那种觉得阳光特别灿烂，脚像踩在云端似的感受，过了一段时间后，自然也会落回地平线。

许多爱情的问题，就是出在这里。

以前的时代，分手离婚并不是那么容易，夫妻过了热恋期，还是得接受现况，努力相待一生。许多人也在过程中学会忍受彼此，在磨合中找到互相依靠的方法，所以我们看自己的父母、祖父母辈，发现即便他们常顶嘴、吵架、抱怨，但还是深深地关心彼此。

但现代人每当感情遇见挫折，难免都会跑出一个念头：天涯何处无芳草，何必单恋一枝花？尤其，身边又总是充满了机会和对象，以及令人回春的新历险。

这其实也是大自然对人类的设计：遇到新对象，人的确会产生某种程度的"回春"反应。人天生就有去寻找新对象、求偶、为爱奔波的天性。每个哺乳类动物生产时所分泌的催产素（oxytocin），也会让母亲对孩子产生极深的情感联结。无论是"母爱"还是"回春"，这些设计都是为了促使动物繁殖和育婴。于是，我们有了延续生活、生命的动力。

但是，大自然似乎忘了为我们设计一套鼓励柴米油盐平淡生活的机制。

我必须以心理学和生物学的论点，点破这个真相：如果你认为"热恋"的感受才是真爱，那对不起，你迟早会有失落感！许多人总是不断追求新对象，只为了唤起那兴奋的感觉。谈恋爱时的征服感和被征服感，确实令人上瘾。现代社会充满了感官上的刺激，各式各样的风貌像回转寿司般出现在眼前，但每件事情也都消逝得比以前更快。因此我们要对抗的不再是事情能否引发我们的悸动，而是这样的精彩与悸动在现代生活中还能够在我们心中维持多久。

谢尔顿（Sheldon）和柳博米尔斯基（Lyubomirsky）这两位心理学家所提出的"快乐适应预防模式"，其中有两个关键点：

第一是"变异"，也就是我们常说的"多给生活一点不同的色彩"。当我们定期经历新奇的事物，给自己新鲜的体验时，就能延长快乐适应的时间。你若能实际在感情中创造一些新的变化，例如找一间没吃过的餐厅约会、去一个新的戏院看电影、定期规划一个异国旅行，也能让自己平常的幸福感持续更长。

第二则是"欣赏"。欣赏的目的不是在生活中创造新的刺激，而是在我们内心创造新的意义，也就是试着"换眼睛看待事情"。关注一些以往你没有关注的点，你会发现一些新的意义，也不会把爱情中的互动视为理所当然。欣赏，是一种花心思去发掘、品味的过程，有时候还会为你带来感恩和感动。

如何保存爱情的新鲜度，是我们现代人的重要课题。不论你在意的是亲密感、热情或是承诺，试着创造"变异"，产生"欣赏"，都有助于维系感情。当选择太多，改变太快时，我们也可以尝试改变自我，而不只是去改变对方，总是要不断为爱情寻找机会。

> 任何一个人能在物质上提供的，我都能给我自己。
> 所以如果你要宠我，就要给我时间，给我体验！
> ——网络上的"新物质女孩"宣言

爱恋中的金钱观

相信许多朋友的父母亲都和我的一样，颇具节俭的美德。犹记得上次回纽约家里时，看到我父母亲终于把老式电视机换成大荧幕的液晶电视了，但当我拿起遥控器时，赫然发现上面竟然包了层保鲜膜。

那不是原本的保护贴没拆下来，而是他们自己再包的喔！保鲜膜让整个遥控器摸起来很不对劲，好比坐在一个罩着防尘套的新沙发里一样。在我的观念里，遥控器本来就是消耗品，坏了再买新的也不是笔大钱。我的父母也一定知道，但这是他们从年轻时就养成的节俭习惯，并没有随着收入的增加而改变。

对于金钱，也是一样。许多事，看似是物质，但其实是一种态度。就像我们在少年、青年、壮年、晚年看待金钱的态度都会有所不同，不同的世代也会有所不同。光是遥控器包膜这一点，就显示了截然不同的价值观。

网络上有个句子，描述得很中肯："上一代最担心的，是无法完成任务。但这一代最怕的，是错过当下的美好。"

你是认同上一代还是这一代的价值观呢？你是被灌输"有车有房才有资格成家"、"有土斯有财"，继承了父母亲储蓄的观念？还是比较认同"人生苦短，钱也带不到天堂，还是宁可享受当下"？

这个价值观影响了我们每一天所做的决定。研究显示，谈恋爱时，如果双方对于金钱的看法不同，没有沟通或达成共识的话，那也是最可能会导致争执和分手的原因。

近年来还有一个社会变化，就是女性在职场的地位逐渐提升。虽然还没有达到百分百的平等，但我们正力求往这个方向发展。

对许多女性来说，大学毕业后开始工作，结婚后还继续当职业妇女，是一件很常见的事。以前，男人在外赚钱，女人顾家，但现在也有不少男人顾家，女人在外上班，这种互换的角色也开始被社会接受。

以前，男女约会的时候，一定都是男生付钱，因为主要都是男生在赚钱，但现在就不见得如此了。有些男生可能因为去当兵而晚一点入社会，一开始的收入还可能比不上同龄的女孩子。这时候，在约会时，都还是应该要男生付钱吗？

有些女生表示，约会时应该要各付各的，她们的论点是："既然要公平，就不能让男人觉得女生需要被招待。"在我的观察中，即便是在讲究性别平权的欧美社会，持这种态度的女生还是少数。

相对来说，也有不少女生认为："男生要追我，约会就应该由他付钱。"她们还会搬出进化心理学的理论：男人在追求对象的时候，会展现自己的物质条件和经济能力，让女人觉得这是一个养得起家，值得交往的对象。这几乎可以说是"基础动机"，所以不让男人付钱，反而会伤他们的自尊！

两性专家马修·何塞（Matthew Hussey）就曾在演讲现场被问到这个问题，他这么回答：

"约会时，男方不主动付钱，我会觉得这家伙没礼貌。但如果约会时，女方从来不提出要付钱，我也会觉得这女生没礼貌！"

马修的论点是：男生应该不介意为女生付钱，但他们会介意女生觉得这是理所当然。女生即使不请客，也至少要表示愿意付钱的心意，不然男人会觉得被占便宜，这其实跟钱无关，而是一个心态问题。

我的建议是，如果你是个收入稳定的女生，当男生约你时，可以让他请客，但也应该主动问他是否要一起付。如果他坚持请客，或许一两次之后，你可以主动提出："下一顿，让我来请吧！"或找个机会买个小礼物送他，表示感谢的心意。

给男士们的建议：希望你约会请客是开心的，所以别超过你付得起的限额。若你约出来的女生每次都挑最高价的餐厅，可以试探一下："嘿，下次我们去一间我喜欢的小馆子，环境简陋一些，但经济实惠，怎么样？"如果她真的在乎你，绝对会乐意接受，但如果她因此就露出不屑的表情，那你也该心里有数了。

经济状况会改变，但价值观却是长期形成的。人在热恋时，可能什么都好，但千万不要违背自己的原则，或与自己的价值观妥协，只因为你觉得"未来会不一样"。

价值观不同，不代表无法相处，但一定要更努力沟通。往往让两个人走不下去的原因，并不是因为价值观不同，而是无法尊重不同的价值观。任何事都是如此，金钱观更是。

所以，这不光是"钱"的问题，而是"尊重"的问题。

尊重的定义，就是高度关注或敬重对方的观点与感受，并且能肯定对方的能力与内在特质。尊重得以让我们相互保有主体性，不会让关系破裂。也因为尊重，我们才能保有自己的自尊，同时也保有他人的自主。

尊重，也是可以学习的。心理学家霍洛曼（Holloman）与耶茨（Yates）归纳出 11 种表达尊重的语言：[①]

1. 鼓励的词汇

2. 宽容的词汇

3. 引导彼此的词汇

4. 讲出愿意尊重彼此的词汇

5. 讲出拥抱更高期望的词汇

6. 常常谈论对未来的盼望

7. 把爱说出口

8. 直接分享心情

9. 表达对对方的理解

10. 表达彼此是合作或互助的一体

11. 表达重视彼此的责任

表达尊重的方式有很多种，但最重要的是要表达出来。我们给对方的尊重，不能只是被动地用"不否定"或"不干预"的方

[①] Holloman, H., & Yates, P. H.（2013）. Cloudy With a Chance of Sarcasm or Sunny With High Expectations Using Best Practice Language to Strengthen Positive Behavior Intervention and Support Efforts. *Journal of Positive Behavior Interventions,* 15（2）, 124-127.

式，更是可以通过积极的方式，用我们的对话来营造彼此尊重的气氛，让互动中充满尊重的气息。

那些所谓的两性专家总是在说，

以友谊和尊重为基础的感情比较长久……

这些混账，竟然给他们说中了！

——玛丽安·凯恩斯（Marian Keyes）

文学家木心曾写：从前的日色变得慢，车马、邮件都慢，所以一生只够爱一个人。

现代人的幸福来自速度和选择，很多东西唾手可得。但很多不幸福，也正因为什么东西都唾手可得。很多时候，我们会忘了，恋爱的感觉是来自那些最基本的互动。

根据耶鲁心理学教授罗伯特·施特恩贝格（Robert Sternberg）的爱情三元论，爱情有亲密（intimacy）、热情（passion）与承诺（commitment）三大元素。如果一段感情能有这三大元素的平衡，则是个圆满的爱情。但在现实生活中，爱情很少圆满，三大元素也一定会随着时间而改变比重。或许两人一开始偏重热情，后来由亲密感维持恒温，最后靠承诺渡过难关。

不论现在的你比较在乎亲密感、热情或承诺，都需要愿意付出，才能持续经营。不管是维系信任、持续创造机会，保持欣赏，用尊重的态度面对彼此，都将是良好的创造爱情、维系爱情的方法。

当感情发生冲突时，我们最好积极地用解决问题的方式化解冲突，但有时候冲突是无法在短时间内解决的。这时候提醒自己，要互相尊重，用接纳的态度取代某些坚持，绝对会有较好的结果。若只是强行对抗它们，只会增加生活的负担，让繁忙的生活更加繁忙。所以要在现代社会谈恋爱，势必善用前面所说的种种工具，时常表心意、学习欣赏、互相尊重。

当下次你因为没有安全感而忍不住怀疑他人的时候，当你因为选择太多而苦恼，想追求更新鲜美好的恋情的时候，或是在金钱上，与另一半起了争执的时候，请提醒自己这三个简单的关键词：沟通，理解，尊重。

把这些当作解决问题的最高原则，保留住你愿意珍惜每一段感情的心，那无论什么时代，都能符合人性、不退流行。

谈恋爱要注意这些

现代社会的变化和科技的便利，让人更容易在一起，也更容易分开。
当人生有太多选择，当快感飞逝而过，我们要如何维持爱情的温火？

隐私权 vs 安全感

因为信任，所以应该可以看
也因为信任，所以不应该看

你有选择恐惧症吗？

重点不是挑最好的，
而是把你所选的变成最好

了解快乐适应现象

热恋的快乐终究会回到水平
与彼此共同创造新鲜的体验
就能延迟快乐适应

钱不求公平而是用心

无论收入是否平等，付钱没有
理所当然。表示感谢，尊重
彼此的付出

行动 **6**

把未来的感受移植到
现在，克服拖延症

最近读一篇报导：20% 的成年人是长期拖延症患者。

我心想：等一下，应该是八九成的人才对吧！ [①]

我自己上大学时，就是个严重的拖延症患者。每次交报告前都像极地马拉松，连着两三天不睡，拼死拼活赶在截止日期前交件。因为每次把自己搞得太急躁，写出来的报告也往往不满意。我自己也知道，如果能自律一点的话，按照计划完成，就不会那么惨。

"下次一定要提早开始！" 精疲力竭的我痛定思痛，但下次还是一样。

我还曾经去学校的心理系图书馆，借了一本关于如何克服拖延症的书，后来因为拖到过期没还，被图书馆罚钱！

所以如果你也有拖延的毛病，我要跟你说：我懂你的痛，我非常懂！

有拖延症的人很奇怪，不是所有的事都拖，只有重要的事才拖。我们不是动作慢，大部分时候手脚还挺快的，但偏偏就是那些最需要慢条斯理，按部就班的大计划，反而总是拖泥带水。

[①] 美国德保罗大学心理学教授约瑟夫·法拉利（Joseph Ferrari）在一篇美国心理学会与他做的访问报导中提出：20% 的成人是 chronic procrastinators（慢性或惯性拖延症患者），大学生里的拖延症患者比例则高达 50%~80%！

为什么？

"要战胜世界，先必须战胜自己。"如何克服拖延的毛病，是我们每个人在成功之路上的一堂必修课。但光靠意志力不够，因为拖延的毛病包含许多复杂心理因素，无法全用蛮力解决。这就好像一部车，当你发不动时，一直不断地转钥匙、踩油门是无助于事的。你得打开引擎盖，看看到底哪里出了状况。

在这一章，我将总结心理学有关拖延症的研究，并分享一些帮助自己克服拖延问题的行为练习，其中有不少能立刻派上用场。它们都曾惠我良多，我希望也能帮助到你。

你是哪一种拖延症患者？

历史上，许多伟大的创作者都有拖延的毛病，有些还为自己发明了对抗绝招。《悲惨世界》《巴黎圣母院》的作者雨果，每天开始写作前，会把衣服脱光光，换上一件破破烂烂、衣不蔽体的睡袍，因为当他这么见不得人时，就没办法写到一半跑出去逛街，只能乖乖待在书房里写作。

美国大作家梅尔维尔，也是个严重的拖延症患者。据说他在写《白鲸》的那段时期，接近故事最重要的完结篇，还曾经要求他的妻子用一条铁链把他拴在书桌旁，没写到进度就不准开锁！

有些人认为拖延症与创意有关，也确实有研究显示人在拖延时，会把事情挂在心上，而这种"悬念"有助于创意思考。但拖延的行为所造成的不良后果，也往往抵掉了任何好处，尤其在公司和团体合作的环境下，拖延只会拖累大家，所以不要再把"艺术家脾气"当借口了！

心理学家整理出了生活中最常见的拖延症患者，大约分为以下四大类型：[①]

第一种类型，就是想要拼到最后一刻的冲刺者。有些人蛮喜欢那种在最后紧要关头，一股作气把事情做完的感受，甚至还能从中得到别样的刺激。但这么做势必给自己带来许多不必要的压力，而且实际的效果太不可靠。

第二种类型，出自人的逃避心态。这类型的人习惯在心中充满假设，比如事情完成后将面对的批评与失败，也因为经常怀有恐惧，所以自然不想完成事情。其实，几乎所有人都会对自己应该要完成的事情有所预期，但不一定人人都会因此拖延逃避。这种对结果怀有恐惧的拖延类型，多半发生在对自己的能力缺乏信心的人身上。

第三种类型，是选择困难的后果。有些人本来就容易犹豫，对自己的决定容易动摇，每一个选择好像都对，又好像都不对，因此无法决定该怎么做事，所以就越拖越久，消耗自己的精神。

---

① Rozental, A., & Carlbring, P.（2014）. Understanding and Treating Procrastination: A Review of a Common Self-Regulatory Failure. *Psychology*, 5, 1488-1502.

尤其当你因为无法评断做这些事情到底有没有价值，或能不能让自己快乐而左思右想时，拖延就自然发生了。

第四种类型，是那些特别冲动、寻求刺激的人，这类型的人拖延事情，是因为他们总是把精神放在更好玩或更感兴趣的事情上。这种人容易分心，时间观念也比较差，在做自己喜欢的事情时，也无法自觉时间的变化。但对于他们不想做的事情，几乎不放在心上，才导致事情总是拖到最后一刻。

今天的你要解决拖延症，可以先检视一下自己比较接近哪种类型。这些背后的动机稍有不同，所以进一步认识或许能帮助你跟自己对话。但无论你是哪个类型，有个观念必须认知，那就是我们对当下快乐与未来快乐的评估。这点很重要，所以请我们钻进自己的脑袋，到里面认识一只猴子。

驯服你的及时行乐猴

每个人的脑袋里，都住了一只"及时行乐猴"（Instant Gratification Monkey）。这是个心理学界常用的比喻，我觉得还挺传神的。

及时行乐猴所象征的，是我们最爱享受当下、及时行乐的一面。它住在我们的脑缘系统（limbic system）中，而脑缘系统是大脑很原始的部位，冲动又情绪化。相对地，我们理性、自律的思考系统，则是由一个叫前额叶皮质（prefrontal cortex）的位置所主导。前额叶皮质是人类比起其他哺乳类动物来进化最多，也发展最明显的地方，主要负责分析、整理信息，计划和决策。它让我们能克制欲望，提醒我们有比及时行乐更重要的目标，也时常会与及时行乐猴拉扯。

举例来说，假设今天你手上有一包好吃的零食，但你最近在减肥，你的前额叶皮质会告诉你："不能吃太多，晚上吃零食会发胖，对身体不好。"但及时行乐猴会跳出来说："管他！现在就打开吧，好好吃个够！"这时候如果你把袋子收起来，前额叶皮质就赢了。但只要你吃了一片，那鲜美的滋味刺激了大脑里原始的猴子，那它就轻易得逞了。这时候你尽管告诉自己："吃一片就够了！"但越吃，也就越停不下来。

我们都要学会如何跟自己的猴子相处，这就是"成长"中很重要的练习。我们学会逼自己起床、去办公室打卡、忍受漫长无聊的会议、填写报税表……这都是必须要做的事情。但有些时候，你会有一点选择权。例如周五下午三点半，你可以开始准备下个月要交的报告，或跟同事溜出去喝杯咖啡。这时你心想：才一杯咖啡嘛！还可以聊一些公司八卦，跟同事培养感情……其实，背后的声音来自你的"及时行乐猴"，而你的前额叶皮层，则是为自己的拖延行为找合理的借口。

于是，理智的我们常常都在跟自己妥协，用各种方案替代那些当下不想做的事。比如说，你不想写一份报告，所以就开始回一堆电子邮件。你不想回一些电子邮件，所以就开始整理书桌……看似都在做事，也可能都是应该做的事，但其实你也正在与自己妥协，因为当下最该优先处理的事情并没有做。

要战胜拖延的毛病，不能光靠意志力，因为意志力总有穷尽的时候，而且会让我们疲倦，当你疲倦的时候，猴子更是会赢。这时候你要做的，是带你的猴子去游乐园。

"游乐园"是个幌子（嘘，不要跟猴子说！），我们来跟它玩个游戏，借此训练它。

首先，请先"画靶"，也就是写下你必须要做的事情。

再来，定义游戏规则和时间，例如你要撰写一个年底的大报告，今天的游戏就是：先整理过去的资料，而这需要花半小时。

最后，你要悬赏奖励，对猴子说：今天若能完成半小时的资料整理，就去咖啡店喂你一块爱吃的点心。

你也得跟猴子说：不能作弊喔！

只要你画的靶够清楚，游戏难易适中，时间也设得合理，猴子应该就会愿意配合试试看。恭喜你跟自己的及时行乐猴妥协成功，赶快开始行动吧！

若时间到了，也的确达成目标，那请一定要遵守诺言，去咖啡店买个点心犒赏猴子吧！反正犒赏它，也就是犒赏自己，绝对双赢。当然，这份奖励也不能过头，不要做了半小时的正事，就出去逍遥半天。这个分寸，你应该自己会拿捏。总而言之，你一定要让自己相信自己，因为及时行乐猴可不是好惹的。

面对及时行乐猴，真的就要像训练小动物一样。通过重复达成目标、兑现承诺，你内心的猴子将会变得更听话。工作上了轨道，也会为你带来更多的成就感，形成正面循环。所以当你给自己奖励的同时，也可以趁着这个好感，计划下一个目标和奖励，让你的一天有一系列连贯的目标。

- 设定目标
- 定义规则和时间
- 悬赏奖励

用这三个步骤，来建立你与及时行乐猴的相处模式，培养互信的感觉。

要盖完一栋房子，先从一块一块砖头垒起来开始吧。

——英文谚语

以上这句话的寓意是：每一件看似很复杂、很重大的事情，都可以从最基本的行为着手，但重点是要行动。

我们会拖，往往在于我们虽然设定了目标，但缺乏计划好的行动，导致我们对于完成某件事情的信心不足，只要想到就不开心，这样只会更不想面对，形成拖延的行为。所以良好的计划非常重要，除了能排除障碍，也让你不会因为不知如何开始而拖掉该努力的机会。

把一个大任务切成小块，规划后再执行，是很重要的技巧。你最好先拟定一个时程，设定一个合理时数（例如半小时或一小时）来做这件事，并且做完就给自己一个奖励，有必要的话让自己中途休息几分钟再继续。例如，如果下礼拜要考试，你要先把需要复习的资料都拿出来，看看每天要分摊复习多少，并列出一个计划表。同时，要让自己能静下心来读书，你最好也要计划如何给自己一个舒适的环境。所以，除了设定每天复习的目标外，你也要思考读书前要做什么，例如给自己倒一大杯水、把桌子清干净、稍微做一下伸展等。这都是为了让你能顺利完成"静心读书"的计划，也应该编制一套行动指南，去除许多原本阻止你完成事情的障碍。当你内心设定好一个执行计划，并按照这个计划设定每一个工作小目标，能大大提升你完成整个计划的可能性。

通过前面的说明，你可能已经知道该怎么展开你的大计划了吧。但生活的未知实在太多了，也有可能你对"开始行动"这件事还是一筹莫展，尤其如果你是第三种类型，即"难以抉择"的人。这时候，我的建议很简单：**Take a leap of faith!**

这句英文的意思基本上就是"相信自己，踏出第一步再说！"这听起来好像很难，但凭我自己的体验，绝对比在原地犹豫不决要来得舒服多了。

从前写作时，总是因为对自己的作品期许很高，苦思半天却无法动笔。但后来我发现，只要能够逼迫自己开始写，先不管文字好不好，开始了这个行为，身体会逐渐适应，心情也会逐渐进入状况。所以我现在会在开始写一篇文章前，乱写一通，并告诉自己：我现在写的第一句根本不是文章的第一句，只是在暖身而已，管它三七二十一，先动起来再说！

只要先有一些动作，让自己开始朝着目标动起来，就是最好的第一步。猴子是好动的，你得带着它一起动，才不会被它牵着走。

当个未来人

如果老板跟你说："你今天下班前就要做完这件事，不然事情会很麻烦！"你一定会马上行动，因为这是眼前的截止线。但如果老板跟你说："你月底之前要做完这件事，不然事情会很麻烦！"虽然你还是会有压力，但压力是在月底，而不是在现在，即便自己知道后果严重，当下还是很难有急迫的感受。

所以如果我问你："你希望现在快乐，还是未来更快乐？"我相信大部分的人都会说："我希望未来更快乐。"能够回答这个问题的，是我们理性的前额叶皮质。问题是"当下的感受"永远比"遥远的理性"来得更真实也更具体，毕竟你正在经历当下，而未来只是个抽象的概念，也可能存有变量。

你觉得未来会更好还是会更糟？你觉得自己现在的行为能改变未来，还是你认为无论现在做了什么，该发生的事情还是会发生，根本不在自己的控制范围内？

根据心理学家的研究，以下两种人最容易有拖延行为。第一种人过度乐观，对于未来即将发生的事情，天真地认为就算自己没做什么，大概也会跟过往一样安然过关。另一种人则属于听天由命派，认为自己做什么也不一定能改变未来，有没有拖延也影响不了结果，该来的还是会来。

如果你自己的生活态度比较消极或听天由命，觉得自己做什么都无法改变未来的话，那我建议你先从行动 8 "对抗负面情绪"开始练习，先导正自己的心态，提升自我效能感，再来修理自己的拖延症。

乐观虽然是个很好的积极心态，但对于未来的过度乐观，反而会扯我们的后腿。我们要练习如何用更实际谨慎的态度评估未来。我们要想象未来可能会有的后果，包括拖延的后果，把这些后果用想象力赋予具体的感受，并带到当下体验中来。换句话来说，我们要当个未来人。

这听起来很抽象，让我以一个实验来解释。

很多上班族都知道，要尽早为自己的养老存钱，但对于大多数 25~35 岁的年轻人来说，已经在做财富规划的还是少之又少。加州大学安德森商学院教授哈尔·赫什菲尔德（Hal Hershfield）就做了一个实验来颠覆这个现象：他找了一群大学生，把他们的照片先修成老年人的样子。接着，他让这群学生戴着眼罩，进入一个 VR（虚拟现实）世界探索，然后在这个虚拟环境里，他们遇见了"未来老年的自己"。

想象你今天在一个 VR 空间见到了老年的自己，脸上多了不少皱纹，身形也改变不少，虽然可能模拟得有点粗糙，但还是能认出是自己，心里的感受应该挺复杂的吧！

经过这个体验后，赫什菲尔德教授请这些大学生做一个财富规划的习题。比起没有看到老年自我的控制对比组，凡是见到老年自我的学生，把自己未来的退休金都增加了一倍的钱。

我们每个人其实都无法想象"未来的我"会是什么样子，也就很难感同身受。但是，我们能做的是将这个"未来的我"变成一个具体的面孔，若是你能让自己看到、感受到，那整个视野将大大不同，"迫切感"也就油然而生。

所以，面对遥远的计划，你要想办法把未来的感觉带到现在。举例来说，对于一个期末才要交的报告，请想象你已经到了交报告的当天。因为拖到最后一刻而心急如焚的你，已经整晚没睡了。闭上眼睛，想象那乱七八糟的桌面、散在四处的资料、吃

到一半的外带餐盒……你看得到吗？想象这时候，打印机又突然坏掉（这不是不可能发生的，墨菲越心急就越会现身不是吗？）你真的快气死了！如果你用力想象这个场景，应该都能觉得自己的心情跟着紧张了起来。

再张开眼睛，把第一个要做的报告计划拿出来，赶快开始行动，这时候你的及时行乐猴八成会不敢吭声，因为你已经用它听得懂的"感觉"，让它明白了事情的严重性。

要成为一个不拖延的人，需要调整自己的时间观，让自己看得远一点，请想象未来的拖延后果，感受到这个压力。这不是鼓励悲观，而是用比较实际的态度设想未来，让自己能未雨绸缪。

你将会深刻感受到：现在真的不能再拖了！

待办事项的超能力

很多人喜欢给自己列待办事项清单（To-Do List），也有各种 App 和软件号称是最厉害、最齐全的终极待办事项清单。但坦白说，有多少厉害的系统，也就有多少用这些系统还在拖时间的人。

心理学家发现，当我们列下待办事项时，这个动作本身会让人觉得"我已经有了进度"，因此会获得压力的纾解和一点成就感。但这个成就感，也往往会让人松懈，反而不会开始行动。所以有些拖延症患者很会给自己列待办事项清单，但一天下来，他们最大的成就，很可能也就是列这个清单。

另一种状况，就是当待办事项清单变得太长，反而会债多人不愁，对清单视而不见，或让人只挑容易完成的项目先做。因为一个需要深思的大案子和一个只需要跑腿的差事同样都是清单上的项目，做一个算一个，当然比较容易画掉的项目会是较好的选择。

因为以上这几种心态，你给自己列待办事项清单时，需要遵守一个很重要的法则，那就是：事不过三法则（The Rule of Three）！

"事不过三法则"的意思是：每天要从你的待办事项清单里，选出三件事，也只有三件事，来优先完成。一次不要给自己列超过三件事，而且我建议可以这么分配：

第一件事，可以选择一件容易完成的事情，例如回一封电子邮件，不是太复杂，做完就能轻松划掉，完成第一关。

第二件事，应该是跟未来计划有关的，例如为年底的报告做一点研究。这件事未必今天就得做完，但每天增加一点进度，绝对有好处。

第三件事，则是做一件今天必须处理完的事情。

为什么建议这样安排呢？首先，意志力就像是肌肉，我们的内心也需要暖身。当你在健身时，如果一开始就做强度最大的训练，肌肉很可能会因此受伤，而且效率也不会太高。先完成一个中低难度的项目，让自己暖身，循序渐进。

再来，有一种心理现象叫"蔡格尼克效应"（Zeigarnik Effect），指的是我们对未完成的事情总是念念不忘，甚至比起已完成的事更容易被记起。换句话来说，每一件被拖延的事情，其实都会悬在心里，造成内在的压力。所以，从比较轻松就能够完成的第一件事开始，得到一点成就感，同时能降低压力，推动我们继续往前。接下来，我们就可以把这个持续的动力放在"需要完成，但不是最急迫"的事情上，因为这是平常最容易被拖延的。等你有了一些进度后，再来处理"今天必须完成"的急迫事项。

但你问："我今天必须完成的事好多喔！可不可以先把最急的事情做完，再来做其他的？"当然，这是你的生活，本来就可以自己做决定。但也试想：正因为原本不急迫的事情被拖到了最后一刻，所以才成为今天的急迫事件，不是吗？既然这样，为何不从今天就开始改变呢？是否可以做一些取舍，把一些事项交代给别人呢？

利用"事不过三法则"的好处，是让你在众多杂事的清单中，做出选择和取舍，找出事情的优先级，也不要让自己被一个过长的清单压倒。你也可以在每天睡前先列出第二天要做的三件事，这也就减少了早晨思考与做决定的时间，加快你开始工作的效率。

关键不是优化你的行程，而是把你的优先项排入行程。

——史蒂芬·科维（Stephen Covey）

番茄钟工作法

另一个经常造成拖延的问题，就是"一心多用"（multitasking）。

很多职场人士会觉得一心多用很厉害，能同时开好几个视窗，在不同事项之间迅速跳跃处理，有威风的操控感。

但研究显示，一心多用并不会让你更有效率，因为其实我们并不是在同时处理好几件事，而是不断地在几件事之间做注意力的切换。脑部扫描显示每当我们要切换注意的事项时，至少会动用到四个大脑部位：前额叶皮质转移聚焦注意力，并选择要执行的任务，后顶叶负责切换每个任务的规则，前扣带回检查错误，运动前皮质协调身体动作的改变。这一切都能在 1/10 秒内完成（真的要给自己的大脑拍拍手），但一天下来若不断地来回切换，可能会让你损失 40% 的工作效率！

所以，拜托不要再一心多用了！这样反而更容易加重拖延症。

我建议你可以试试看"番茄钟工作法"。这是一个意大利人弗朗西斯科·奇里洛（Francesco Cirillo）发明的。为什么叫番茄钟，不是因为意大利人爱吃番茄，而是因为他发明这个工作法的时候，用的刚好是一个番茄形状的计时钟。其实你什么钟都可以用，一般烹饪用的厨房计时钟最好，若没有，手机的计时功能也行。

番茄钟工作法很简单：首先，请先给自己设一个 25 分钟后会响的闹钟。然后，就开始专心工作，一次只专注做一件事，并把所有的聊天信息、电子邮件和不相关的视窗都关掉。

25 分钟后闹钟响起，就站起来动一动，休息 5 分钟。这个方法的重点在此：当你工作的时候，一定要专心，休息的时候，也一定要休息。你可以出去走走，找同事聊天、听首歌，任何事情都可以，但一定要让自己离开工作状态。

25 分钟工作、5 分钟休息，重复 4 到 5 个回合，然后再给自己长一点的 15 分钟休息时间，就这么简单！不过我发现它实在很有效，因为当你有了很明确的时间限制，而且又有固定的休息时，更容易集中精神，达成高效率，也更能帮你抵抗分心的诱惑。

你现在就可以上网搜寻"番茄钟工作法"，有许多免费的 App 可下载，马上就能开始尝试这个工作法。

我从不担心采取行动的后果，只担心我毫无作为。

——温斯顿·丘吉尔（Winston Churchill）

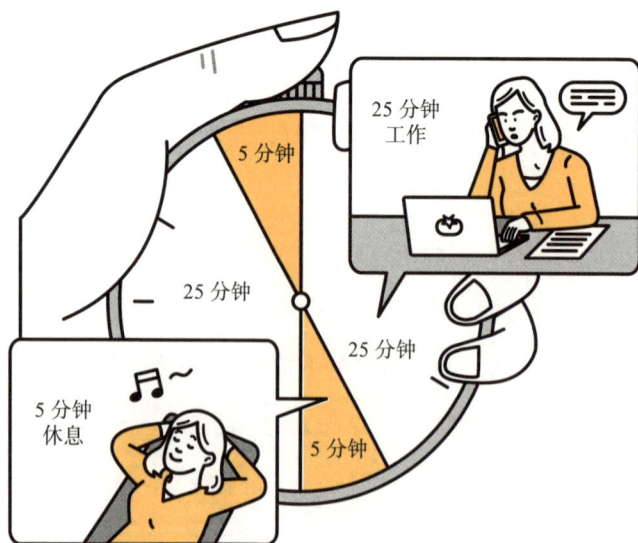

回到本章一开始提到的约瑟夫·法拉利教授，这位专门研究拖延症的权威学者，他说："每个人都会拖时间，但不是每个人都有拖延症。"

现在的我偶尔还是会拖，有些事还是会延迟（例如这本书的完稿），但现在会延迟的原因不再是久久无法开始行动，而是因为创作的过程不总是顺利，例如在拍摄这本书相关的视频时，好几次因为结果不符期望，必须忍痛从头重新录制。整个制作团队的压力都很大，这时候反而要对自己宽容一点，不要觉得延迟就表示自己有缺陷。我也一直不断尝试各种项目管理系统，从每一次的失误和挫折中，学习如何让下一次更好更顺利。从一开始跌跌撞撞，时常牺牲睡眠，现在我和整个团队也越来越上轨道，越来越有效率了。

"万事开头难"，我这一章所分享的方法，都是为了帮助你渡过那最困难、最犹豫不决、最容易分心也最容易拖延的起程点。我们需要懂得如何跟自己的及时行乐猴沟通，学习理性实际的规划，相信自己的执行能力，并避免那些从小听取的迷思，觉得卧薪尝胆、发奋图强、每天跟自己作战，才是唯一能超越惰性的方法。心理学已经陆续发现最有效的训练方法，我们只要把它付诸行动，通过练习内化这些技巧，就能自然看到很大的进步。

1. 把工作变成小关卡，完成小关卡时，请给自己一点奖励。

2. 想象未来的自己、拖延的后果，给现在的自己一点未来的危机感。

3. 别想太多，立刻就开始！直接用行动让自己暖身，进入工作状态。

4. 列待办事项清单时，请记住"事不过三法则"。

5. 不要一心多用，以短时间做专注的冲刺，并善用番茄钟工作法。

你现在也应该知道，拖延是人之常情，不然也不会有这么多心理学家研究它了！所以，请你千万不要对自己的意志力感到失望。只要你能找出原因，尝试不同的方法，设计出一套适合自己工作的环境和流程，再严重的拖延症，也绝对是可以被克服的。

相信我，也相信自己：你绝对可以的！

如何克服拖延症

每个人都会拖时间，但不是每个人都有拖延症。
如果你经常把事情留到最后，以下的方法能帮助你开始行动！

驯服及时行乐猴

给它一个小目标并悬赏奖励
要对猴子遵守信用，
猴子才会听话

当个未来人

用想象力把未来赋予强烈感受，
能增强当下的动力

事不过三法则

一次只安排三个待办事项，
其中一定要包括你会拖延的事

番茄钟工作法

25分钟
工作时间

5分钟
休息时间

设定短时间专心冲刺，
一定要休息才不会燃烧殆尽！

放手去做

踏出第一步再说

犹豫不决最降低效率
开始行动才能开始解决问题

行动 **7**

从一枚回形针开始，
养成好习惯

你可能觉得我的生活很充实，很有工作效率，但我在这里也向你坦承：

我，也是一个经常要跟自己的习惯作对的人。

我父母亲都是很成功的人，我父亲不仅是畅销书作家，也是个在艺术界很有声望的中国画画家。我母亲曾经是纽约圣约翰大学的入学部主任，手下曾经同时管理四十几个秘书。他们都很忙，也都很自律，但在我成长的过程中，他们并没有特别教我如何建立自己的工作和生活习惯。

从小学到高中，自我培养习惯不是那么重要，反正每天的行程就这么按部就班地发生。但当我到了大学之后，有一段时间很难适应，因为那固定的框架没了。当我有权利开始选课，能自由规划每一天，决定什么时候念书、什么时候玩耍、什么时候睡觉时，就突然发现自己的行程全乱了！

这时候，看身边有一些同学，总是可以把自己照顾得特别好，不但成绩优，参加许多课外活动，有时间运动，还去公益团体当志愿者。奇妙的是，他们不但不会透支，还都显得神采奕奕，每次见到他们现身学校的派对，玩得比谁都疯。

我原本以为他们有过人的毅力、特别聪明，或工作速度特别快，但都不是。我后来发现，这些优秀学生与我们一般学生最大的不同，在于他们懂得如何把每一件该做的事情，培养成为习惯。

好习惯难培养，但易于生活。

坏习惯容易培养，但难于生活。

——马克·马特森（Mark Mattson）

很多朋友一定觉得，坏习惯容易培养，但是好习惯都很难培养，毕竟是好习惯嘛！

这，倒不一定。

所谓的"好习惯"就是一个对你现在和可见的未来都有好处的，持续固定执行的行为。这当然随着人生会改变。举个简单的例子：如果你有一段时间需要调理身体，所以每天给自己熬炖一些中药补品，那这对你来说就会是一个好习惯。不过当你的身体已经调养好，这个习惯就可以停了，再坚持下去，也未必能称为好习惯，说不定还会造成身体的负担。

如果你懂得如何用心理学设计行为的话，那建立新的习惯，也不会如你想的那么难。你不用告诉自己这是"必须养成的好习惯"，对它过于严肃看待，反而会内心排斥或抗拒它。你要告诉自己：任何一个习惯都是可以练起来，也是可以调整或修改的！

破坏计划的罪魁祸首

首先，我们来看看，多半人建立习惯会失败的原因：

1. 设定了目标，但没有设计行为

2. 过程中出现太多障碍

3. 光凭自己的意志力来维持动力

4. 高估了自己的精神和体力状态

5. 无法从失败中学习调整

我用一个故事来举例吧！

小胖和小苗是最要好的朋友，从大学起就形影不离。可想而知，小胖的外号来自她一直以来体型偏丰满。小苗没有体重问题，但她的体质不好，是那种"松松的瘦"，身体没什么曲线，近年来工作忙碌，气色也欠佳。

某天，一群大学同学聚餐，小胖和小苗一起参加，见到了一位好几年没联系的同学，受到了很大的刺激。

"天哪，她……怎么会变得那么好看！以前她不是比小胖还肉吗？现在身材超好！"

"人家越活越年轻，我们才出来几年，就都走样了！"

于是，两人发下毒誓。

小胖说："我要减肥！三个月甩掉五公斤！"

小苗说："我要运动！三个月练出线条！"

第一天，小胖就带了一个餐盒到办公室，打开来，里面都是绿绿的菜叶。她有点刻意地跟同事们嚷嚷："我的减肥计划开始啰！你们谁都不准诱惑我喔！"同事们就说，呦，小胖，改头换面啦？要谈恋爱啦？ 也有同事说，谈恋爱最好了！因为失恋的时候，保证会瘦！ 大家半调侃，半鼓励，小胖就这样吃完午餐，觉得自己很有意志力！ 晚上回家，她也很自律，把家里零食全都扔了！ 她还买了一个体重计，天天量体重。前面几天还行，立刻就有效果，一周就瘦了一公斤，她觉得很有成就感，中午吃那么少，晚上也节食，让她整天都轻飘飘的，觉得自己像是个仙女。

不过，两周之后，某天早上站到体重计上，竟然发现，怎么不减反增?! 也许是水肿。她安慰自己。当天晚上同事过生日，大家聚餐庆生，小胖也去了。走进那家铁板烧餐厅，香味扑鼻而来，她实在受不了了。"好，也给我点一份！"寿星很开心："这样才对嘛！不要那么跟自己过不去，人生也是要享受的。"

当晚，小胖吃得很尽兴，生日蛋糕也来了两份。但回到家里，她内心就充满了罪恶感。隔天起来，根本不敢站上体重计。好不容易忍痛节食"谢罪"两天，几乎没吃东西的她都快昏过去了，这时候站上体重计……

什么? ！竟然一点也没变?

她彻底崩溃了。"老天啊！你为什么这样对我啊？ 我难道就是那种呼吸空气都会胖的人吗?!"算了，认了! 人生苦短，享乐为先!

小胖的减肥计划⋯⋯失败。

小苗呢? 她第一天就去家附近的健身房，报名了一年的会员。信用卡刷下去时虽然有点痛，但她告诉自己，无痛不长进! 第一天，她下班后回家，换了运动衣就过去，上了一堂搏击课，流了一滩汗，衣服湿透了，感觉爽透了! 隔天起来，腰酸背痛! 去办公室一直打呵欠，累惨了!"不行! 要坚持!"她告诉自己。下班后，又回家，准备去健身房，啊! 这时她发现运动衣还没洗，当初就这么一套比较像样的运动服，还是洗一下好了，丢进洗衣机，她还在家里看视频跳了一下有氧课，真棒!

但是到了隔天，她反而更酸痛了，手脚都不听使唤，下班后换好衣服，心想:"今天还是跑步机走一下好了，哎呦，肚子好饿，还是吃完饭，消化之后再去好了"。结果，还是没去。

就这样，小苗每天跟自己的意志力搏斗，有时候精神好，去健身房撒撒汗，感觉都挺好的，但其他时候就实在提不起劲来。时间久了，就有一搭没一搭，后来"刚好"有个老朋友来她家住几天，每天她都跟朋友出去吃饭，之后，就很少再去健身房了。小苗的健身计划⋯⋯失败。

习惯的最小行动单位

有人说，成功的方式有很多种，但失败就只有一种。我很不认同这种说法！就是因为太多人有这种过度强调结果的心态，所以不关心过程，但其实，过程才是真正藏有魔鬼的细节！

小胖跟小苗为何计划失败？到底出了什么问题？

让我先来解释如何养成好习惯，然后再回去看看他们。

我们要跟谁学习养成好习惯呢？跟我吗？其实最好的学习对象，真的就是你自己。是的，我们其实都有不少好习惯，只不过没太在意它们，实际去研究一下，你就能看到一些端倪。

我来举一个例子，应该是 99% 的读者都早已经养成的好习惯吧：刷牙。请你想想，为什么刷牙能够成为一个好习惯？

首先，它是一个很简单的事情，你很快就能完成。以一组行动来说，它是一个最基本的单位，而且有很明确的目标。我们都会按照习惯，把上下两排的牙齿刷完（有些人还会刷一下舌苔），如果只刷了一半就停下，一定浑身不对劲，像上厕所上了一半就停的感觉，对不对？

"简单、具体，能够一气呵成的行为程序"，这是好习惯的基本单位。

很多人希望养成好习惯的时候，只给自己设定了一个很大很远的目标，并没有设计具体行为。

这是很关键，也是多数人会搞错的观念。我们可能在年初给自己设定一个目标，把理想的结果订在遥远的一年之后，但如果你无法把这个目标变成行动计划（action plan），那这顶多只能说是一个愿望，而愿望是无法养成习惯的。

把你要养成的习惯，先分解成最基本的行为程序，而且最好是每一天都能执行的，这样最容易让大脑把事情认定为"惯性动作"，变成一个你不太需要思考也可以完成的事情。

所以，不要说"我要多多运动"，要说"我要每天运动 30 分钟"。不要说"我要多阅读"，要说"我要每天阅读一小时"或"阅读 20 页"。不要说"我要学习英文"，要说"我每天要用在线课程学习五个单词并做十道习题"。

你可以用时间、数量、行为来设定这个习惯，而且越具体越好。

刷牙能够成为这么自然的习惯，还有一个原因：它很方便。

想想，我们早上起来都会先上厕所。一走进厕所，看到牙刷牙膏都立在杯子里，当然也就顺手拿起来刷了。

同样，当你要把一个行为程序养成习惯时，就要让那个程序越方便执行越好。举例来说，如果你想养成每天早起就先运动的习惯，那就应该前一天晚上准备好运动的衣物，放在床边，一早起来就可以立刻穿好运动衣，不需要再打开抽屉去找，因为如果你还要花时间找，睡眼惺忪的你搞不好就会找着找着，找回棉被里了。我把这个称为"清空跑道"（clear the path），把任何可能导致分心的障碍都尽量排除。

我之前训练自己早起床的时候，发现对我最有帮助的一个小习惯，就是睡前先倒一杯水，放在床头柜上。闹钟一响，我只要稍微起身，就可以马上拿起杯子，喝完一大杯水，自然也就醒了一半。这种能够让你更容易执行程序的小习惯，我就称为"推动行为"（enablers）。

能够维持习惯的人，除了有毅力之外，还能够为自己设计出一个更利于习惯的流程，让整个过程能够一气呵成。

我们要清空跑道和设计推动行为，不是因为缺乏意志力。其实我相信你的意志力一点都不会比我弱，但日复一日，总是会有意兴阑珊的时候。这时候如果我们还要停下来思考，这个暂停的片刻就很容易让人分心而失去动力。清空跑道、建立推动行为，就是让我们把这种阻力降到最低。

我就有个朋友，原来很胖，想养成跑步的习惯。一开始，他规定自己每天都要跑，但每天都那么累、那么忙，只要想到还要出门跑步，就先放弃了。

后来，他用"最小行动单位"的观念，设定了一个再简单不过的行为，简单到自己如果做不到，就太对不起自己：每天下班回家后，他只要穿上球鞋、绑好鞋带，走到家门口，就好了。这

总可以办到吧！

而奇妙的是，他往往穿好鞋，走到门口，也就顺便走出去了。现在，他已经养成了跑步的习惯，还挑战了马拉松！

这叫作"可行的最小付出"（minimum viable effort）。如果你发现自己无法养成一个习惯时，可以试着把其中一个步骤拆出来，先挑战自己把这个最小的行动单位养成习惯再说，但设定这个行为时，你要跟自己承诺：无论如何，这每天都要做到！

启动你的基石习惯

推动行为可以是一个很微不足道的行动（例如前一天晚上

倒一杯水），但有些习惯本身充满了推动的能力，光是养成它们，就能够造成连环效应，让更多好习惯更容易养成。它们就叫基石习惯（keystone habits）。

有规律的运动就是最好的基石习惯。经常运动能改善心情、提升体力、降低压力，晚上也睡得更好，这些都有助于你完成任何其他计划。早睡早起也是个我非常推荐的基石习惯。睡眠充足时，你会有更多精神跟时间，能看到更多日照，可以让你的心情变好，而且你会发现中午前已经做了很多事，晚上可以更放松。

最近，我看到一段很动人的演说，是美国海军上将威廉·麦克莱文（William H. McRaven）2014 年在得州大学毕业典礼上的致辞。上将给学生们的第一个建言，就是"每天早上铺好自己的床"，原因有三：

其一，你一早就已经完成了一件该做的事。

其二，完成这件小事情会给你一点点成就感，虽然微小，但会让你更愿意好好完成下一件事，再下一件事。

其三，整理好床铺这个行为，提醒你小事情都很重要。如果小事做不好，那大事就根本免谈。

而且，万一你有一天过得很糟糕，回家时，看到的是一个整齐的床铺，而且还是你自己收拾好的床铺，这也会给你带来一点鼓励，让你觉得明天会更好。

如果你想要改变世界，从铺好你的床开始吧！

——威廉·麦克莱文上将

再让我们回到早晨这个场景。除了刷牙之外，你还会做什么？洗脸，擦保养品，男生可能会刮胡子……这些都属于一套行为流程。接着你可能走到厨房，给自己泡杯咖啡，准备早餐……一直到出门，走进办公室，开始第一个工作前，都是由一连串的惯性行为构成的。

根据南加州大学心理教授温迪·伍德（Wendy Wood）的统计，平常人一天当中大约有四成的行为，都属于这种惯性动作链！它们就像是一个个小模块互相串在一起。

想培养新习惯的时候，你就应该先设想：这个习惯能与哪个已经习惯在做的事结合起来。这个概念叫"堆栈习惯"（habit stacking）。

以我自己为例，在当 DJ 时，我必须听大量的新音乐。我非常享受这个过程，自然就有动力。而当我要开始逼自己常运动时，我就规定自己：只有在运动的时候，才能听这些新的歌曲。于是，听音乐这个好玩的事，就跟运动这个新的习惯堆栈在一起，让我更容易养成这个习惯。后来，我已经养成运动习惯之后，就改了一下方法，变成规定自己在运动的时候，听有声书。

把一件已经在做、喜欢做或已经养成习惯的事，连上一件你想要培养的新习惯。用一个习惯，带动另一个习惯。

写下你的实施意向

并不是每个习惯都很容易堆栈。这时候怎么办？没问题，接下来的这个建议，能够让你养成单独习惯的可能性加倍。

英国《健康心理学》期刊曾经发表过一个研究。研究的目的，就是看用什么方法能够让人建立运动的习惯。研究对象分为三组人。

对第一组人，学者说："我希望你们在接下来两个礼拜中找时间运动，并且记录你们运动了多久。"

对第二组人，学者说："我希望你们在接下来两个礼拜中找时间运动。我也要给你们看一些资料，让你们理解运动对健康的各种益处。"

第三组人则跟第二组人获得了一样的指令和健康信息，但学者多加了一件事，就是要求他们先填写一个计划。

运动计划

接下来一个月内，我将在每周<u>一、三、五日</u>
在 <u>下班后</u> 在 <u>运动中心</u>
进行20分钟的激烈运动。

两个礼拜之后，他们再去追踪这三组人。第一组中，只有38% 的人在过去一周至少运动了一次。第二组中更低，35% 的人过去一周至少运动了一次。显然，让人知道运动的好处，给予鼓励，并没有什么效果。但第三组就不同了：91% 的人，一周至少运动了一次！

第三组人成功的关键，就是他们事先填写了那句话。这叫实施意向（implementation intention），而许多研究显示，这么做会让我们完成计划的概率大幅提升。首先，它预先排除了"我没

空"这个借口。在忙碌的一天中，我们往往会把那些"对自己
好，但不急迫或不必要"的事情留到最后，但也往往因此就偷懒
不做。预先设定一个实施意向，计划好在什么时候、什么地方要
做什么事情，就好比跟自己约定了一个行程。

既然这个习惯对你来说这么重要，那就应该给它预留一个专
属的时间。先把这个行程写在日程表中，如果可以约朋友一起，
就更不会爽约。每天在固定时间完成一件对自己好的行为，说不
定还能让你有个换挡、充电的机会。

设定视觉测量的方式

特伦特·迪尔施米德（Trent Dyrsmid）1993 年刚入行时，是
个 23 岁的菜鸟股票销售员，但在短短 18 个月内，他为公司带进
了 500 万美元的业绩。一年后他获得了 75000 美元的抽成，后来
以年薪 20 万美元被另一家股票公司挖角。

他怎么办到的呢？靠一盒回形针。

身为推销员，他必须每天打很多电话给不同客户，因为打给
越多人，成功概率越大。每天开工时，他会在盒子里放 120 个回形
针，每打完一通电话，他就会移一个回形针到另外一个空盒子。

为什么这个技巧很棒呢？因为它看得到，摸得到。通过互
动，让特伦特感受到累积的效果，而且每次这么做，都有一种成
就感。

即使，你只是使用一张白纸或白板，在上面做记录，也会很有帮助。我也是用这个方法教育自己的孩子的。我的女儿现在上小学一年级，每天早上必须 7 点 50 分前到学校。

我家里有个白板，我就在上面记录每天出门上学的时间。但我不是写数字喔！我是用画图表的方法，X 是日期，Y 是出门时间，如果早出门，我就用笑脸和蓝色笔做记号，如果晚出门，我就用苦脸和红色笔做记号，再用线把这些记号连起来。这样，一下子就能看到，每天是在进步还是退步。这个方法执行一周之后，孩子看懂了这条线的意义，也会开始想要进步。而当她连续几天都准时出门时，看到那些连起来的笑脸，自然变成了一种动力，甚至还会跟我说：爸爸，我们快点出门吧！我还要笑脸！

就像那盒回形针一样，用实体工具来测量自己的进度，是很有效的方法。例如：想要记得每天喝八杯水吗？那就用八个回形针，每次喝一杯，就把一个回形针拿出来。或是，你每天得回三十封电子邮件？那就准备三十个回形针。

运用这些道具的时候，请记住几个重点：

一，要容易使用，随手就能记录。

二，最好能让你看到进步或退步，所以画图表，会比单纯的数字更好。

三，要放在显眼的位置，让你一目了然。

| 周一 | 周二 | 周三 | 周四 | 周五 | 周六 | 周日 |

每一个回形针
代表完成一个任务！

当计划碰上变化

计划赶不上变化，这已经可称为人生定律了。即便你设计了堆栈习惯，写下你的执行意向，乖乖地每天记录、测量……总是有"不得不"改变的计划。好不容易自律的你，被最爱捉弄你的命运大神再度挑战时，能撑得住吗？

我认为很多人（包括以前的自己）会栽在这里，就是因为我们把自己的计划分得太清，于是耗太多力气与自己对抗。对我们来说，今天没有完成计划就等于失败了一天，而培养好习惯需要连续 21 天不中断，不是吗？

其实不是。首先，21 天这个数字是个误解。实际上，我们并不知道每个习惯需要多长时间才能养成，而这方面的学术研究显示，平均的天数接近 66 天！

但不要气馁，因为研究也显示，偶尔漏掉一两天，对于养成习惯并没有太大的影响，只要隔天再做就行了。而且，也不需要因为漏了一天，所以隔天就做双倍来补偿或惩罚自己。长期看下来，这么做会让人压力更大，反而更可能会放弃。

该怎么做最好呢？我有两个建议。

首先，你必须"莫忘初衷"。

就像小胖和小苗参加同学会后，发毒誓要减肥健身一样，当人受到刺激而想要改变的当下，动力和毅力也都最强。但随着日子过去，少了提醒，初衷也难免会淡化。当小苗后来连着一个礼拜没去健身房，连教练都打电话来关心的时候，其实她最需要的，是那位同学打来骂她！

好啦，不用那么狠，但你懂我的意思。

"莫忘初衷"很重要，因为这就是你的动力来源，象征了你改变的意愿。但如果你要提醒自己莫忘初衷，绝不要拿毛笔写"莫忘初衷"四个字挂在墙上！就如同实施意向，这也是个填空题：

因为我要_____（初衷），所以我要_____（行动）。

例如：

　　因为<u>我要出国念书</u>，
　　所以<u>我要每天练习英文会话半小时</u>。

　　因为<u>我要给家人最好的自己</u>，
　　所以<u>我要每天静坐 15 分钟</u>。

　　因为<u>我要像同学那样的好身材</u>，
　　所以<u>我要每天去健身房一小时</u>！

写下这个初衷之后，你还要加一个步骤，就是写下"应急方案"：

　　如果_____，那我就_____。

应急方案的功能，就是应对生活中必然会有的突发状况，让你不需要多花脑筋思考，并降低因为计划被打乱而产生的内疚。

举例来说，你知道虽然每天下班后要去运动，但偶尔还是会有公司聚餐、亲戚过生日、好朋友聚会等等，那就先跟自己约定：

　　如果<u>当晚要应酬</u>，那我就<u>先早起跑步</u>。
　　如果<u>当天要加班</u>，那我就<u>骑车回家</u>。
　　如果<u>身体不适</u>，那我就<u>休息两天</u>。（休息也是可以约定的！）

每当你觉得自己缺乏动力时，就把这个"莫忘初衷"的句子拿出来念一遍。每当你碰到突发状况时，就请把"莫忘初衷"加上"应急方案"的句子整个念一遍，然后按照计划去执行。

念出你的初衷会提醒自己，当初是为什么想要改变，唤出一些能量来对抗当下的软弱。而念出初衷加上应急方案，能让你在突发状况中不会心乱，维持控制感，也减少与自己妥协的内疚。

找朋友一起来挑战

培养习惯，也要多多利用朋友。当然最好是能够双赢。

根据宾大的研究，有朋友一起加入减重计划，往往会一起成功，而且对方减越多，自己也会减越多！一群同伴聚在一起，也有互相支持的效果。如果你累了、不想继续了，还有人在旁边听你抱怨、给你鼓励。

像是美国的戒酒协会就坚持用"同学会"的方法，来督促、提醒彼此，通过同学之间的力量，让戒酒的艰辛过程不那么孤独难受。

朋友还能当监察员的角色，帮忙监督、保管你的奖励品。你可以先给自己买一个礼物，放在朋友那儿，说好达成目标才能给你，若没有达成目标，就送给他！这样有动力了吧！

之前我还在一个网站上看过一个特别狠的方法：你先设定

好目标和一个捐款金额，并找一位朋友当监察员。当他认定你完成挑战时，钱可退还或捐给你支持的公益团体。但如果你挑战失败，这笔钱就自动捐出去，而且还是给你反对的团体！ ①

跌倒七次，爬起来八次！

——日本谚语

让我们回去看看小胖和小苗吧！

根据上述的技巧，她们第二次要如何自我挑战，养成好习惯？

小胖现在理解，光告诉自己要节食，这个行为太模糊了。于是她先上网研究，以自己的身高体重计算，设定了每日进食 1600 大卡的目标。分摊在三餐中，她也就很清楚知道每一餐能吃多少了（这时她才赫然发现一包沙拉酱的热量竟然比几片火鸡肉还高）！

她下载了专门计算各种食物热量的 App，每天记录饮食，睡前把总数画在一个图表上，一眼就能看出自己是否维持水平。如果某一天跟同事聚餐吃得比较多，现在的她也不会刻意饿肚子惩罚自己，而是在隔天的三餐中减少相对的热量。她感觉很自在，不会整天没精神，也不会因为过度饥饿，在深夜怒吃薯片。

---

① stickK.com 这个网站可以让你设定各种约定条件。该网站声称：有人当监察员，会让完成计划的可能性增加两倍，而若有金钱押注，可能性会增加 3 倍。

小苗呢？她这次去运动用品店，给自己买了几套运动衣，这样就不用天天洗，每天先准备好一套直接带去公司。她下班后也就不用回家，可以直接去健身房，减少了一层障碍。她也请健身房的教练为她设计了一个课程表，让她能按照体能循序渐进，不要一下子就超过身体负荷。每天去健身房后，她会给自己打卡，记录当天所做的项目和强度。慢慢地，她开始发现体力变好了，运动强度也逐渐增加了。某天同事们邀约唱歌，她也直接说："为了半年后约好在巴厘岛相见的自己，我每天下班都要健身。你们先去，我晚一点过去找你们！"同事们听了，都对她的毅力表示佩服。

后来小胖适应了新的饮食习惯，每天看到小苗的打卡，也加入了健身计划。

半年后，两人坐在巴厘岛的泳池边，问心无愧地炫耀努力得来的成果：一个健美自信的自己。远处还不时传来男士们欣赏的眼光，她们举杯庆祝：习惯养成计划成功！

我们现在来回顾一下，让习惯能够更容易养成的要点：

1. 把目标化为最基本的行动程序；

2. 清出跑道，让行动能顺利执行；

3. 习惯模块化、堆栈起来；

4. 预先设定实施意向；

5. 用视觉化的方式来记录成效；

6. 莫忘初衷，并设计应急方案；

7. 找朋友一起来挑战。

工欲善其事，必先利其器。学习了几个可以帮助你建立好习惯的技巧，现在，就来动手设计你的行为养成计划吧！

如何让自己培养好习惯

要盖好一个房子，就是要一块一块砖头堆起来。好习惯也是一样！
以下这些来自心理学的方法，能够帮助你更容易养成各种好习惯。

把大目标分解为小动作

先从最基本，能轻易完成的行为开始逐步训练

设定实施意向

请计划并写下"我将在'何时'、'何地'以及'如何'做这件事"

把习惯堆栈起来

把你要培养的新习惯，搭配在已经养成的习惯上

用具体方式记录进度

用实体的视觉道具（例如白板、回形针、橡皮筋）来记录你每天的进度（若不方便，用App也可以）

莫忘初衷、未雨绸缪

经常提醒自己当初为什么想养成这个习惯，并预设一些"当计划赶不上变化"时的应变措施

行动 8
用思考改变大脑，
跳出负面回路

现代社会充满了矛盾。我们拥有了更多，却享受得更少。我们的生活更便利，但时间总是不够用。我们有了 FaceTime（视频通话软件），但少了 face-to-face time（面对面的交流）。我们似乎没什么原因不开心，但又不知道为什么，常常开心不起来。

2006 年，在哈佛大学的教育史上是个转折点。当年春季学期，选修人数最多的课程不再是独占榜首多年的"EC50 入门经济学"，而是一名 30 多岁的年轻教授泰勒·本 – 沙哈尔（Tal Ben-Shahar）的课程"PSY1504 积极心理学"。

记者问教授，为什么你的课会那么受欢迎？

教授回答："也许学生们觉得快乐比赚钱更重要吧！"

这些学生选择把积极心理学装入知识行囊，也反映了千禧世代的心态转变：越来越多年轻人知道，在努力工作的同时，也必须兼顾生活质量和身心平衡，唯有这样才能打造真正的成功人生。

这堂课的导师沙哈尔，其实是我当年在哈佛心理系的同学。我们并不熟，但我记得那时的沙哈尔非常严肃，总是给人一种闷闷不乐的感觉，没想到多年后的他，竟能开授教人快乐的课程！

果然，在他自己的书里也提到了，从前的他并不是个快乐的人，是后来靠着积极心理学与自己的努力才有了转变。不只他如此，其实我自己何尝不也是经历过一段负面的日子呢？

那是 2000 年，我们刚迈入崭新的 21 世纪，但我的生活却滞纳在一股低潮中。

不久前破灭的网络泡沫让我投资失利，损失了不少积蓄。自己在研究所也觉得缺乏学习动力，眼看身边不少同学创业，有成功的、有失败的，每个都过得无比精彩，但我似乎越钻进书本，就越与现实生活脱节。

当年，就是我大学毕业五周年的班级聚会，我虽然人就在哈佛，却没有参加学校安排的任何聚会活动，整天躲在房间里。我感觉好自卑，觉得自己像个留级生，比不上同班同学们耀眼的发展。

来年那场改变许多人生命的"9·11 事件"，也对我打击很大。在长时间的低潮下，我决定求助医生，想起来确实有点讽刺，一个心理学博士生，来心理门诊寻求帮助。

医生是位年轻女生，应该大我没几岁。我第一次见到她就想："太好了，她一定能理解我的心境！"于是一股脑地把我的心事全倒了出来。她带着怜悯的表情听我说完，结果呢？她直接拿出处方单，给我开了药：Zoloft（左洛复）50 毫克，一日一粒。

Zoloft 是"选择性五羟色胺再摄取抑制剂"（SSRI）类别的

精神药，用来治疗抑郁症、强迫症和创伤后应激障碍。我万万没想到这么快就要吃药，我也不觉得自己的症状严重到需要吃药，但好吧，既然有了，就试试看。

吃 Zoloft 有什么感觉呢？它仿佛在我的脑袋上蒙了一层纱。我的情绪曲线被拉平了，原本不开心的思绪变得不那么重要，但开心的情绪也被打了折扣。我内心的起伏没了，生活色彩度也没了，我变得麻木，对事情都不太关心。这么说或许有点严重，但要我形容那个感受，真觉得自己灵魂的一部分都被抽走了。吃了半年多，生活也没什么明显的改善，后来我也就停了药，决定彻底改变生活，搬回台湾，换个环境，重新再来。

当时的我，曾经对心理学非常失望。我心想：心理治疗，难道只懂得开药、叫人吃药吗？我离开了学校，回到台湾从事广告、音乐、广播、品牌创意等其他行业。在那十来年当中，通过阅读网络上的相关信息，我发现心理学有了很大的改变：积极心理学（positive psychology）的崛起横扫心理学界，甚至全世界！我又开始回去阅读大量的心理学书籍、研究资料，我发现心理学的确变了。它变得更有用，更温柔，也更强大了。

积极心理学因为有 positive 这个字，很容易让人觉得它就是教人"正面思考"（think positive）的意思，但这是个普遍的误解。积极心理学并不只是个教你如何快乐的学问（虽然也是研究方向之一），而是探索各种能优化自己的方法，"the scientific study of optimal human functioning"（用科学方法来研究最优化的人类生活功能），包括工作、休闲、思想、健康、运动、人际关系、教育、家庭生活等领域。这个学问包罗万象，应用性特别强，所以现在连《财富》500强、职业球队和整个美国军队都在使用积极心理学的研究结果，来提升团队中每个人的效能、韧性和情绪稳定度。

我认为精神处方药有它的必要性，但同时，我也认为药物的使用太过泛滥，一般大众也太容易取得。如今在美国，至少六个成人中就有一个固定服用精神药物。滥用处方精神药致死的人数，已经超过了滥用海洛因致死的人数。更糟的是，许多医生只要觉得症状符合标准就会开处方，而且一次开多种药物（polypharmacy），把人当成药罐子。精神药已经不再是有绝对必要才使用的利器，而是第一时间就拿出来的标配。打个比方，假如你今天有健康状况，而这种状况只要每天早起早睡就能根治，但医生开了一堆药，虽然看似改善了症状，但你整天昏昏沉沉的，无法早起早睡，反而加重了问题，结果就必须吃更多药来对付，你会愿意接受这样的治疗吗？

如果精神药没有搭配行为的改变计划，那就很容易产生药物依赖。如果服药的人不懂得改变自己，或是不愿意改变自己，那就更容易滥用药物。也难怪，虽然精神药的使用每年都在增加，但精神异常的病例一点也没有下降。药开得越多，病人也越多，怎么会有这么奇怪的事？不是药有问题，就是社会有问题。无论如何，我们一定要找出更好的方法来疗愈自己。

积极心理学和神经科学近年来的突破，让我们对大脑的运作特性有了更深的理解，也让我们更清楚如何优化自己的思考系统，为自己做正面的改变，更善于应付生活中必然会有的压力。这些年来，它们帮助我克服了自己的低潮，大幅提升了我的情商，让我能够更快从负面情绪中弹回来。但这些改变的最大功臣还是我自己。这不是在炫耀，而是提出一个事实。就好比有人提供了一本使用手册，但如何使用，以及是否愿意使用，还是要看主人自己的决定。

所以接下来，就让我用所学所知，以及过去的体验，提供一些方法给你这颗大脑的主人做参考吧！

你必须确保你最大的敌人，没有生活在你的两只耳朵之间。
——莱尔德·汉密尔顿（Laird Hamilton）

了解你的负面情绪

首先我们要了解的是：每个人都有负面情绪。小婴儿会哭、会闹脾气，都是负面情绪的本能。负面情绪是有用的，因为它使我们行动，让我们避免并对抗那些可能对自己不利的事情。

　　我们的负面情绪建立在原始的存活意识中，但现代人的生活早已经超越了温饱和安全的需求。我们虽然不用担心有老虎半夜来猎杀我们，但让我们彻夜难眠的，可能是老板发来的一条短信。我们虽然不用担心一场雨不下，谷物无法收成，全家就会饿死，但面对一场重要的考试、一个重要的会议，也能像生死关头一样快要窒息。

　　身体不会说谎，紧张就是紧张，害怕就是害怕，那些负面情绪的"感觉"是迫切又真实的。但如果我们不愿面对、刻意抗拒，或找不出负面情绪的来源，原本大自然设计的生存机制，反而很容易变成自我摧毁的荼毒。

　　为什么我们在路上看见车祸时，心跳会变快，瞳孔会放大，呼吸会变急促？这些反应体现了我们的恐惧。但为什么当我们看到自己最爱的球队拿下冠军时，一样会心跳变快、瞳孔放大、呼吸变急，这时我们感受到的却是快乐兴奋呢？

　　我们的大脑会主动解读不同环境中的身体变化，进一步构成我们的情绪反应。所以当我们要处理负面情绪时，必须同时考虑到"心理"和"生理"的因素。

　　就生理层面来说，不少女性朋友应该都体验过例假前可能有的情绪起伏吧。严重的时候，每个月只要到了那几天，看什么事、什么人都不顺眼！奇怪的是，自己明明知道情绪异常，却又能找出百分之百值得发怒的理由。生气的原因也不是没道理，但偏偏碰上那几天就会显得特别严重，反应也就特别激烈。荷尔蒙对情绪的影响之大，甚至能够改变人的个性，男女皆是。

我们在成长的过程中，要学会自己分辨并调适这些生理因素造成的情绪影响。但小孩子还没学会这种自觉的能力，所以有时候他们玩着玩着就变得很情绪化，我们家长或许一看就知道，是因为他们没睡午觉，太累了，但孩子自己绝对不这么认为，一边哭一边叫着"我不累！他抢我玩具！我不累！不想睡！我……"（立刻睡着）。

这时，我们不仅能体谅孩子的情绪，还会觉得有点可爱。这就是孩子的天真啊！其实成人有时候也会一样的"天真"。我们也会因为累了、饿了或身体不适而变得不理智。所以，当我们面对自己和别人情绪化的状况时，要懂得察觉自己的身体反应，理解自己，更要理解别人。先是理解，才能回应。本章第一部分"巧用心情天然调味剂"，就纯粹针对这个生理层面，把身体当机器，提供一些能促进好感神经递质产生的方法。

第二部分"换掉脑海中的配音员"则讨论负面情绪的心理层面。你或许总觉得自己的心情没有人懂，那是因为它真的很难懂，因为没有人是你，没有与你相同的体验。就算你认为你所经历的负面情绪理由充分，绝对值得难过，别人还是有可能完全无法想象。负面情绪的心理层面，绝对是主观的，也只有你自己才能改变这个观点。

在我们心底，都有一个评价生活是否如意的标准。我们会观察现状是不是自己想要的，当欲望与现状相符，我们就会感到满意。但如果发现自己想要的远远落后于现状，或离得越来越远时，负面情绪就产生了。当我们想改变却觉得无力改变现状时，就容易感到抑郁。那些想追逐但事与愿违的矛盾，则会让我们焦虑不安。当我们陷入低潮时，可不只是当下心情不好而已，同时反映了我们如何看待过去和未来，也反映了内心的需求与渴望。

那些负面的情绪，抑郁、焦虑，全都是你生活中的体验，也是你对事情的解读。这也是为什么叫你"不要想太多"是完全没用的，因为你必须知道怎么想，才会更好。我们要用"正向介入法"（positive intervention）强化正面观点，并改变自己对自己说话的方式（self-talk），而不是单向压抑负面情绪。在第三部分"对抗负面情绪的好习惯"，则提供几个保健的练习，让我们更容易维持正面的心态。

你每生气一分钟，就失去了六十秒的快乐。

——爱默生（Ralph Waldo Emerson）

巧用心情天然调味剂

《阿甘正传》这部电影里有句经典台词：人生就像一盒巧克力，你永远不知道拿到的会是哪一种口味。让我向阿甘致敬，并改一下这个比喻：

"人生就像一盒豆腐，好不好吃，看加什么酱料。"

豆腐本身没什么味道，我们的"豆腐脑"也是一样。我们对于各种情绪的感受，来自不同的神经递质在脑细胞之间的运作。这些神经递质就好比是大脑的"调味料"，多一点少一点都会影响我们的情绪体验。

最有名的好感神经递质就是血清素（serotonin）。它能够和缓情绪，降低焦虑感。我们吃饱的时候，大脑会分泌血清素，带给我们那飘忽和缓的满足感。

内啡肽（endorphin）能降低疼痛，带给我们好感，效果类似吗啡，不过它是纯天然无副作用的。

去甲肾上腺素（norepinephrine）给我们带来刺激、亢奋的感受。它也好比辣椒酱，少量可以提味，但用多了会太刺激。当脑神经之间有太多去甲肾上腺素时，也会造成焦虑感。

我们更不能忽略多巴胺（dopamine）！它就好比一杯巧克力摩卡，让我们既亢奋又有快感，充满生命活力。

这些神经递质都来自哪里呢？它们产自你的身体，或更准确

心情天然调味剂

改变身体姿势
睾固酮

晒太阳
血清素/维生素D

冲冷水澡
内啡肽

听音乐
降低皮质醇

锻炼
去甲肾上腺素/
多巴胺

地说，它们的原料来自食物，再在体内转换为这些神经递质，例如蛋和奶酪中的色氨酸（tryptophan）是血清素原料之一，深海鱼油中的 Omega-3 也有助于形成神经细胞之间的髓鞘（myelin sheath）。但基本上，只要你平常的营养均衡，该有的原料都不会太少，最重要的还是靠自己的行动，来激发身体发生改变。

以下我将介绍几种行为，都是研究证明能促进更多好情绪神经递质产生的方法，我自己也都常用。

第一个，也是我认为最长效的方法，就是运动。

适量的运动，能够让身体产生各种良好的神经递质。只要20 分钟的有氧运动，就足以造成大脑内分泌改变。而高强度、短时间的间歇训练（high intensity interval training，HIIT）更能够促进去甲肾上腺素和多巴胺的分泌。最新的研究也发现，大脑运动时还会分泌一种脑源性神经营养因子，能够修复压力所造成的脑细胞伤害。

但运动多久才"最有效"呢？这必须看个人健康状况。基本上，维持 20~30 分钟心跳加速、身体能够排汗，就会有效果了。如果你能挑战更高强度的 HIIT，或运动 30 分钟以上，那感觉自然更强烈，说不定还能达到传说中的"跑者的亢奋"。但也请注意，研究显示运动对身体益处的上限在每日 90 分钟，超过的话就效果饱和，甚至会开始递减。所以挑战自己，也是要适量的。

请先给自己三个礼拜，每天做 20~30 分钟的轻度运动，持之以恒，保证对你的心情有非常大的帮助。

第二个方法，也是能随时随地做的，就是改变身体的姿势！

当你遇到了不好的事情，紧张、恐慌时，请先镇定，深呼吸，让自己坐正一点，挺起身子，抬起头来。想象自己是个大海星，像伸懒腰似的把四肢和身躯伸展开来，同时打个大呵欠。当你如此开始改变姿势时，短短的两分钟内，血液的睾固酮含量就会上升，给你更多控制感和力量。打呵欠也很奇妙地会让皮质醇下降，减轻压力。

这是一个多年研究证实的奇妙现象，叫作"体现认知"（embodied cognition）。哈佛商学院教授艾米·卡迪（Amy Cuddy）在她经典的TED演讲中就这么建议：假装能做到，直到你真的能做到。（Fake it till you become it.）意思就是摆出你想要展现的自信体态，然后你就会逐渐成为这样的自己。所以，如果今天的你一起床，就发现精神不好，那请为自己选件特别神采焕发的衣服，尽量昂首阔步，走出门假装精神很好，往往精神也就会跟着来了！

第三个天然心情调味法，就是晒太阳。

为什么晒太阳会让人快乐呢？日照除了能使身体制造维生素D，也会让血清素含量提升。好一个度假的借口，不是吗？

在纬度高的地区，例如冰岛、挪威、阿拉斯加等，冬天会有较多人罹患抑郁症，但到了夏天，许多人的抑郁症就会不治而愈。科学家认为，这是因为冬天的日照时间变得很短，尤其在极圈那里，冬天几乎看不到什么太阳，人也容易变得抑郁（再加上外面那么冷，宅在家里也闷坏了）。这种状况就叫"季节性情绪失调"（seasonal affective disorder），缩写刚好就是 SAD（悲伤）。

我以前住在波士顿的时候，也曾经遇过这个问题，每到冬天就闷闷不乐。这时我往往会早起一点，让自己尽量接触到日照，或去照日光光谱的强光。北欧就有很多人家里有一种全光谱大灯，亮度高达一万流明，和晒黑床的特殊日光灯类似。临床实验发现，用这种光线治疗季节性情绪失调的效果比吃抗抑郁的药还好，而且无副作用。

最天然的方法，就是你早上起床后先拉开窗帘，让暖暖的阳光充分照进室内，如果家里采光不好，起床后就先出去外面散步半小时。因为血清素在早上分泌得比较多，所以选在早晨接触阳光，效果也特别好。

第四种方法稍有争议，也较少人尝试，但我个人觉得很有效，那就是冲冷水澡。

冲冷水澡对情绪有显著的改善效果，有几种可能的原因：一来，冷水刺激交感神经系统，促进内啡肽分泌；二来，皮肤表面的毛细血管收缩，会使脑部等部位获得更多血液灌溉。也有一种说法，是末梢神经的刺激造成神经中枢的亢奋反应。总而言之，目前医学研究对于冷水澡治疗抑郁的效果，是给予很高肯定的。

许多职业运动员，像篮球明星科比和足球金童 C 罗，还会花大钱坐进一种液态氮气冷却的机器，把自己放在零下一百多摄氏度的极冷空气中，据说两到三分钟就能加速修复肌肉，而且对心情有很大的振奋效果。这种"冷疗法"（cryotherapy）还成为欧美上流社会的时尚减压方。

如果你有心血管疾病，不适合过度刺激，那请千万不要逞能。我也绝对不建议你跳进零下一百摄氏度的机器里。以我常用的方法为例，那就是先用正常的水温淋浴，然后慢慢把水温降到 20℃左右，用这样的水温冲洗两分钟就差不多了。尤其到了夏天，早上运动完冲个冷水澡，绝对精神抖擞，效果胜过一杯黑咖啡！

第五种方法，也是我个人非常热爱的，就是听音乐。

科学家发现，当人在听音乐的时候，脑部会特别活跃，几乎整个大脑都会用到，而且左右脑并用。听音乐是改善心情最快速的方法，能降低血压、增进记忆，还可以降低皮质醇含量。

有一个练习，你马上就可以尝试：找一首你喜欢的曲子，它可以是一首歌，也可以是没有歌词的曲子，但你一定要喜欢它，而且听了不是亢奋，而是感到平静。找个安静的地方，确定自己不会被打扰，把灯稍微开暗一点，戴上耳机，把整首曲子听完。

在听的过程中，请闭上你的眼睛，让你的耳朵成为最主要的感官，细细听歌曲里面的每一个声音细节，让自己完全进入音乐之中。歌曲结束之后，请继续戴着耳机，但不要直接播放下一首歌曲。只是静静坐着，保持平稳的呼吸，享受歌曲结束后的宁静。

这个体验，在我们日常生活中，实在太少发生了，因为我们平常听音乐的方式往往都是一首接一首，没有停顿，甚至很少能让一首曲子放完，在音符结束之后，尾音慢慢缭绕在脑海中。这个时候，你可能会感受到心底浮现出一些复杂的感受。可能会是安详宁静，很好，也可能会是突然的焦虑，不用担心，这是一种反应效果，像是排毒一样。学习用曲子结束之后的一分钟时间，找到呼吸的节奏，找到平静。你会发现，它能带给你很大的正能量。

以上这五个简单的对抗负面情绪的行为都不难，说起来都很简单，唯一难的就是让它成为生活习惯，变成基础保健原则。想想，身边有多少人总是说"我知道啦"但偏偏就是不愿意行动？我们要尽量避免那些效果快速，但却是合成的烟酒和药物。当我们使用太多合成的东西时，身体中原本的神经递质会减少。这就像是经常在外面吃饭的人会容易变成重口味食客一样，习惯了过度的调味，反而对食物原本的美味失去了感觉。

所以请记住：吃豆腐，天然尚好！

换掉脑海中的配音员

你一定听过，麦克风太靠近扩音系统的音箱时那种突然发出的尖锐刺耳噪声吧？这就叫噪声回路（feedback），原理是这样的：麦克风收进来的声音被扩音系统放大，通过音箱再放出来，然后再收进麦克风，又再经过扩大……音量很快就会呈指数型上升。这时候如果不赶快把麦克风拿开，那个尖锐的噪声可能会使整个音响系统受损。

这种噪声回路，就好比内心的焦虑。

你有没有发现，当自己紧张的时候，越告诉自己不要紧张，反而越会紧张？越用力抗拒越是无法抗拒，压下去又弹回来，这时候你更紧张，脑海里只剩下负面声音不断循环，情绪濒临失控。

这时候，请记住噪声回路的比喻：你得先把麦克风拿开！

拿开麦克风的意思，就是要让自己分心。深呼吸，做伸展，从十慢慢倒数到一，每次数数字，想象自己把数字写在一个黑板上，写完一个数字，把它擦掉，再写下一个。或者，你可以做心算：999 乘 168 是多少？不能用计算机喔！当大脑忙着做算术题的时候，也就没空去思考烦恼。

拿开麦克风，用行为降低压力后，你就要改变那个负面的声音。回想一下，当我们陷入负面情绪时，脑子里是不是总有个声音在责骂自己？"你这个傻瓜！你怎么这么笨！"你叫他闭嘴，但他绝不轻易放弃，还会骂得更凶："你一无是处！你一生都是个败局！"

这个脑海里的负面声音，是谁的声音呢？

仔细听一下，这个语气，这个声音……

是否像是童年听过的某个人的声音呢？

而声音背后的主人，说不定早已离开你的生活，甚至离开这个世界了，但因为他曾经很久以前用语言暴力打击了我们，造成了心理创伤，也使他成为伴随我们一辈子的负面配音员。

你可以试着换掉配音员：想象一个生命中最仁慈、最温暖的人，一个最疼爱你、最无条件接受你的人。很多人会想起自己的祖母，或某一位恩师、某个知心朋友。

想象你和最喜欢的这个人处在同一个空间里，他对你温暖地微笑。你可以向他诉苦，说出你心里的委屈。想象这个人用温暖的声音安慰着你，他说："你是好的，你的心是善良的，你的个性是坚强的，你已经尽力了，这不是你的错。"

你也许会想哭，没事的，请放心哭出来。这是负能量的释放。让它释放出来，不要回绕在心里，你才可以疼愈。

这种"自我疼惜"（self-compassion）是很重要的疗愈技巧。这不是逃避现实，而是在调整你大脑的负面系统，通过想象力把自己置身在一个安全的地方，把原本刻薄批评的负面声音，换成仁慈、温暖、包容你的声音。根据心理学家克里斯汀·奈夫（Kristin Neff）的研究，特别在面对挫折、不安、痛苦时，用仁慈的态度取代批判，这种"自我疼惜"的自我沟通对身心状态都会有良好的改变。

心理学家伊桑·克罗斯（Ethan Kross）的研究更是进一步发现，选择用第一、第二或第三人称与自己对话，也会影响我们的心情。用第一人称（例如"我一定要克服这个挑战！"）的时候，人会比较容易情绪化，而用第二人称加上自己的名字（"刘轩，你一定要克服这个挑战！"）反而能够让内心的自我与情绪保持距离感，进而帮助自己冷静思考。

所以，当我们常常用第一人称跟自己讲悲惨的故事时，如果你能转换这个自我对话的声音来源和称呼自己的方法，许多感觉也会跟着变得不一样。多使用自己的名字，把自己化身为一个宽容、有力量的教练，用你最爱的声音对自己说：

"刘轩，你可以做到的！你可以坚持下去的，轩！"（换用自己的名字）让这个声音同时安慰你，同时给你力量。

> 请小心跟自己说话，因为你正在听啊！
> ——丽莎·海斯（Lisa M. Hayes）

如果造成你焦虑的原因，是在生活中徘徊不定、拿不定主意的话，我给你另一个建议，记住"登山原则"：当你在深山里，

天色开始变黑时，你不能犹豫，也不能乱冲，必须一边走、一边想办法，因为天色并不会停下来等你。

面对生活中的问题也是一样。你必须一边想一边动，才会有新的领悟，若你一直不做决定，大脑只能一直在假想之间空转，那是很费神的。往往人的焦虑，就是源于纠结在不行动之中。

有人曾经统计过，当人回顾之前曾经担忧过的事情，平均有85%的事情最终结果是"中立"或"正面"的，也就是说当我们担心时，有八成的概率是结果不会那么坏。所以，如果你如今花太多心思在担忧或犹豫不决，基本上是不符合时间效应的！你很可能会发现，一旦开始动起来，不但焦虑减少了，而且活力也来了。这时候，生命自然就会为你找到出路。

你一天不需要更多时间；你只需要做决定！

——赛斯·高汀（Seth Godin）

对抗负面情绪的好习惯

著名建筑师和设计学者克里斯托弗·亚历山大（Christopher Wolfgang Alexander）在他 1977 年的著作《建筑模式语言》（*A Pattern Language*）中，提出一个设计问题：假如你今天要规划一个新校园，而校园里有许多栋楼，如何规划人行道会是个很复杂的问题。铺了太多走道，学校就少了绿意；铺得太少，则会让上下课的师生不方便。这时该怎么办？

亚历山大教授提供了一个很高明的方法：不妨先铺上草地，让师生自由行走。过一段日子，再根据行人留在草地上的行走痕迹，来规划哪里需要人行道。这样的设计最省力，也最符合实际的使用状况，因为是使用者的行为决定了最后的设计。

我们的大脑，也是用同样的方法在设计自己。小孩两岁的时候，脑细胞之间有高达 100 万亿个联结。但成年人的脑细胞联结则少了一半。这是因为我们会淘汰不需要的联结，同时强化较常使用的联结，让思考反应变得更有效率。

通过学习体验，惯性思考强化了相关的联结，长期确实能够塑造我们的大脑。换句话来说，我们的思想软件，能够改变我们的思想硬件，这个特质就叫"神经可塑性"（neuroplasticity）。即使过了发育期，大脑还是能够被环境与后天学习影响而产生改变，例如有些受到脑损伤的个案，通过后续的学习，竟然可以产生替代性的修复，挪用大脑其他部位来支持原本的功能。最新的研究也发现，连老年人的大脑也能维持可塑性。

想要改变自己，永远不会太晚，年龄不应该是你的借口！

今天，你可以用对抗负面情绪的行动改善情绪，也可以善用对抗负面情绪的心法来跳出负面回路，但如果你真的想要获得持久性的改善，那就要培养一些好习惯。

静坐冥想

静坐冥想（mindful meditation）除了能减轻压力并缓解轻度抑郁，促进情绪健康并改善睡眠质量，还能培养更高的专注度、自觉力。这个原本带有宗教意味的灵修练习，现在直接进入了高科技时代。

美国麻省医院让一群人每天静坐 27 分钟，持续八周后做脑部扫描，发现这些人的大脑有了明显的改变，主管记忆力的海马回（hippocampus）密度增加了，而主导负面情绪的杏仁核（amygdala）密度则减少了。耶鲁大学的研究发现静坐能让大脑胡思乱想的回路信号减弱。约翰·霍普金斯大学的研究则把静坐冥想对于抗抑郁和焦虑的效果大小（effect size）定为 0.3。这听起来似乎没有很高，但其实抗抑郁的精神药物顶多也只有 0.3 的效果大小而已！

静坐冥想不难学习，最难的就是每天给自己时间练习。以下是一个适合初学者的基本介绍：

1. 你可以坐着或躺着，舒服就好，不需要盘腿。

2. 闭上眼睛，放松全身，维持自然呼吸。

4

3. 把注意力集中在呼吸，以及身体每次吸气与呼气时的感受。观察你呼吸时全身的每个部位如何随之运作，包括你的胸部、肩膀、肋骨和腹部。

4. 你只需要把注意力集中在呼吸上，不必刻意控制速度或强度。如果发现自己分心了，让焦点再回到呼吸即可。

5. 一开始维持 2~3 分钟，再逐渐尝试更长的时间。

每一个自觉的呼吸，都是一次冥想。

——艾克哈特·托勒（Eckhart Tolle）

感恩日记

第二个我很推荐的习惯，就是"写感恩日记"。

1. 买个小笔记本，放在床边。

2. 睡觉前，回想今天有什么比较顺利的事？意外的惊喜？有什么让你感谢的人、事、物？随便什么都可以，无论多琐碎或多抽象，只要你觉得值得感恩，就把它写下来，简单记录就好，这只是给你自己看的。

3. 祝你好眠。

研究发现，光是连续这么做一周之后，人就会开始觉得情绪改善，抑郁感会减轻，而且效果能够维持半年以上。就所有经过

测试的自我治疗法中，这个最简单的方法也是最有效的！ [①]

虽然学者还不了解为什么这个练习效果这么好，但它就是莫名其妙的好。我的假设是：因为我们的大脑善于记住负面体验，比较不善于记住正面体验，所以通过回想当天的好事，激活了正面的记忆，久而久之也就加深了那些正面思考的联结，让我们更容易注意到生活中的美好，心情也就更容易好起来。

于是，在 2017 年的 1 月 1 日，我决定做个小实验：每天在 Facebook 社群版面上分享一篇感恩图文，并挑战自己坚持一百天，把这彻底养成习惯，同时也邀请网友们自由参加，没有什么奖励，单纯就是为了自己。

一百天，说长不长，说短不短，还不到一年的三分之一，但也足以感觉到季节的变化。我从冬天走到春天，也从毛衣穿到 T 恤，每天没有中断过。也很奇妙的，如同《阿甘正传》电影里的阿甘慢跑一样，越来越多朋友也跟着跑了起来，加入了这个挑战。如今，你只要搜 "一百天感恩计划"，就能找到许许多多来自世界各地的记录，而且不少朋友还在进行中。

一百天后，现在的我跟 1 月 1 号相比，有更快乐吗？

我必须老实地跟你说："似乎没有太明显的差别。"

[①] Seligman, M.; Steen, T.A.; Park, N. and Peterson, C.（2005）. "Positive psychology progress: Empirical validation of interventions," *American Psychologist*, 60:410-421.

　　但，这不代表感恩日记没效，而是它的效果内化了！尤其在那些你我都会遇见的异常不顺的日子之中，哪怕什么水星逆行、流年不利，整天做啥都不顺，心中满是怨言，到了睡前写完当天的感恩图文，按了上传后，竟然都会得到一种纾解。感恩日记，成为许多糟透的一天中最好的回马枪。

　　我个人的体会是：感恩不是仙丹。它更像是柏油，铺平了生活中的坑洞，也因此让路走得更顺。

　　有位读者私下跟我透露，就在第六十几天时，她遭受了一个很大的打击，顿时觉得人生灰暗无光。但她心想：都已经完成2/3了，最起码要做完一百天的挑战吧！而因为坚决不让日记中断，硬是每天寻找值得感恩的事物，竟然让她很快走出了低潮，连自己都觉得不可思议，所以特别写信感谢我。而她的感谢，也成为我当晚的感谢之一。

　　另外一位网友如此形容自己的内心改变："其实每天都会有负面不快乐的事，但我开始会用不同的角度来看待。从来都是我们自己让自己不快乐，但若愿意诚实面对自己，会发现自己要为自己的情绪负责。感谢我自己坚持并愿意改变，我做到了！！！"

　　这是最大的感动！我们每个人，都要为自己的情绪负责。但最终，我们也就是帮助自己最大的动力！快乐的道理，没有什么深奥之处，但可以从培养习惯做起。通过一个看起来没什么的小习惯，我们能够开始扭转一些根深蒂固的负面态度。

感恩不仅是最伟大的美德，也是百德之母。

——西塞罗（Marcus Tullius Cicero）

有人曾问我长大想做什么，我写下"快乐"，

他们说我不懂问题，我说他们不懂人生。

——约翰·列侬（John Lennon）

许多朋友会问我：我不快乐，但不知道为什么，我是不是生病了？或跟我说：我为什么那么容易觉得不幸福？人都是如此，虽然难免责怪自己，但我从人身上一再看到的，还是我们惊人的毅力和走出负面的能力。

别忘了，当下的感觉一定会过去，对于未来，你永远有让自己快乐的选择权。

下次当你感到被负面能量包围时，先深呼吸，做些伸展，跟人喊个暂停，出去散散步，做些运动。回到家后洗个澡（试试看用冷水），打通电话给你的好友，换上你最有精神、最体面的衣服，和他相约一间你喜欢的餐厅或咖啡厅聊聊天。

出门的路上，你可以用坐车的时间，想象小时候最疼你的人，如果他知道你正在为这件事苦恼，一定会帮你打气，做一桌你最喜欢的菜喂饱你，跟你说："大家还是一样爱你的！"

在车子到达和朋友相约的地方之前，你可以轻轻闭上眼睛，静坐独处一会儿。见到朋友后，先别急着抱怨，转换一下心情和

他说："谢谢你愿意临时陪我出来聊天！""听到你的声音，让我觉得很开心、很温暖。"然后，你们一起打开菜单，点一道喜欢吃的菜，让美食、美言和友情，让你生活里的苦，变成回甘。

不要怕找人帮忙，不要觉得不好意思，如果朋友帮不了，还有专业的心理辅导师。世界上有千万种对抗负面情绪的妙招，我今天教你的技巧，是基本的情绪保健操，希望你学起来，放进你的"心情工具箱"，常常使用，越用效果就越好。

最后，请记住这个事实：

你的思考，不等于你的大脑。

但你的思考，可以改变你的大脑。

如何对抗自己的负面情绪

负面情绪建立在原始的存活意识中，但现代生活成了我们的假想敌
要对抗负面情绪，先要正视它的存在，并且从生理和心理双管齐下！

换掉"配音员"

把内心自责的负面声音，
变成温暖包容的信心喊话

巧用"调味剂"

有些自然的行动，能帮助
启动体内的快乐神经递质

抗负的好习惯

每天做内观冥想5~10分钟
每晚睡前写下三件要感谢的事

后　记

勇敢挑战生活的现况吧！

心理学者将"后悔"归为两种类型：对于做了某件事的后悔（the regret of action），以及对于没有做某件事的后悔（the regret of inaction）。

而总结了许多个人访谈后，学者发现，短时间的回顾，例如过去一星期，人们对于"做了某件事的后悔"稍微胜过"没有做某件事的后悔"，比例53：47。

但是当人们回顾过去五年、十年，甚至半辈子的时候，那些"没有做某件事的后悔"则远远胜过"做了某件事的后悔"，比例84：16。[1]

---

[1]　Thomas Gilovich & Victoria Husted Medvec（1995）"The Experience of Regret: What, When, and Why." *Psychological Review*, Vol. 102, No. 2, 379-395.

换句话来说，长期看下来，我们"八成"会比较后悔自己没有做的事情。

不要等到暴风雨来的时候，才想展翅高飞。提醒自己：有梦想，就去追吧！一切，都是要从踏出第一步开始。维持你的自我效能感，努力发掘自己的长处，勇于学习，拿自己当实验，用科学的研究精神来优化自己的生活，并用成长心态，勇敢挑战现况。

就像写出《汤姆·索亚历险记》的美国大文豪马克·吐温所说的：

"挑战让生活有意思。然而，正是克服的过程，让生活有意义。"

除了这一生，我们没有别的时间。既然如此，那更是需要自我挑战，踏出舒适圈，迈向未来的星空，拥抱人生的各种精彩，因为数据显示：你八成不会后悔的！

感恩笔记

　　来得早，不如来得巧。这本书源自一个幸运的介绍。

　　回到三年前，当《助你好运》这本书刚发行时，我自制了一系列的"三分钟心理学讲堂"，把书中的心理学观念用简单易懂的视觉方式介绍给观众。这些短片被北京出版界的朋友于海宝先生看到，引荐给"十点课堂"的创办人林少。我们一起花了半年，规划出12堂以心理学为基础的影音课程。我在台湾组织了一个制作团队，每一集自导自演，后制和剪接也都自己找人一起完成，于2016年8月上线，就此让我从传统出版踏入了"知识付费"的新领域。

　　一开始大家都在摸索，一边做一边学，有些内容都拍完了，觉得不够好，还是拿掉重来，付了不少经验学费，但后来渐入佳境，再加上我们通过直播、微课和公众号与学员们互动，获得了宝贵的反馈和许多朋友的支持。这一系列的课程《教你巧用心理学，过更有效率的人生》后来成了中国知识付费行业中，第一个突破十万销售量的影音课程。

这个里程碑，也更加让我确认了当初写《助你好运》时的信念：在这个年头，读者们不只要励志，不只要喝鸡汤，更要知道正确有效的方法。心理学的理论可以生活化，能够被简单应用，而这一系列课程，也就成了这本书的基底。

感谢这个幸运旅途上遇见的每一位贵人：于海宝先生提供的专业策划，"十点课堂"创办人林少和内容总监廖仕健，以及所有"以质胜量"的新媒体同行伙伴们；感谢我的"1.0"台湾制作团队——Genie、Annie、Mitch、Greg、66、威廷，两岸的"轩言"团队——海宝、刘平、柏翰、袁泉、文飞、嫚嫚；感谢中信出版社的朱虹和北燕老师。您们的努力让此书成真。

感谢这么多年来一起与我并肩成长的老友们；跑大老远来参加讲座和签书会、在我的公众号"轩言"上分享自己生活的，还有与我一起行动起来，完成"一百天感恩日记""lucky7challenge""2018倒计时的幸福行动"的"共享积极帮"，你们最棒了！

感谢我的父母、我太太和孩子们千千、川川。你们的爱，就是我最大的力量。

感谢上天，交付我一个有意义的使命。

感谢你的支持，愿我们的未来更智慧、更顺心、更仁爱。

刘轩

2017 年 12 月于台北